新 潮 文 庫

鳥類学者だからって、鳥が好きだと思うなよ。

川 上 和 人 著

新 潮 社 版

11314

はじめに、或(ある)いはトモダチヒャクニンデキルカナ

おにぎりを食べていると、しばしば愕然(がくぜん)とさせられる。なんと、梅干しが入っているのだ。ウメはアンズやモモの仲間、紛れもない果物だ。フルーツを塩漬けにして、ご飯に添えるなど、非常識にもほどがある。私が総理大臣になったら果物不可侵法案を可決し、梅干しを禁止、フルーツの基本的権利を守ることを約束する。ついでに酢豚からパインを排除しよう。

と、おにぎりに話しかけながら、24時間の船旅を過ごし、小笠原諸島に向かう。これが私の仕事である。

無論、私はおにぎり屋の跡継ぎではない。鳥類学者だ。

あなたには、鳥類学者の友人はおられるだろうか。多くの方にとって、答えは否(いな)だろう。原因の半分は、鳥類学者がシャイで友達作りが下手だからだ。残りの半分は、

人数が少ないからである。

日本鳥学会の会員数は約１２００人。『日本タレント名鑑』に載っているタレントまたはモデルの数が１万１千人。学会員が全員鳥類学者だとしても、タレントより希少なのだ。日本の人口を１億２千万人とすると、10万人に１人。つまり、10万人の友達を作らないと鳥類学者と仲良くなれないのである。

生物学の中でも、鳥類学は比較的人畜無害な分野である。昆虫は害虫として農林業に大きな経済被害をもたらす。哺乳(ほにゅう)動物はシカ・イノシシの農林業被害、クマの人身被害、ネズミの衛生被害、枚挙にいとまがない。逆に、魚類は食物資源としての価値が抜群に高い。

正であれ負であれ、実利に関わる対象は社会的ニーズが大きく応用的な成果が期待される。一方、同じ動物とはいえ鳥類では、カラスのゴミ漁(あさ)りやカワウの漁業被害があるものの、規模の小ささが否めない。

ニーズが少なければ就職先も少ない。鳥学会の会員の中で、職業的な研究者は１、２割程度といったところだろう。こうして、鳥類学者の希少性が磨かれていくのである。

しかし、実利と興味は別の話である。鳥類が多くの人を惹(ひ)きつけてやまないことは間違いない。子供向けの図鑑シリーズには、必ず「鳥類」の巻がある。たとえ妖怪(ようかい)ウォッチやドラえもんが大人気でも、「妖怪」や「猫型ロボット」の巻はない。鳥類の勝ちだ。

自然番組では色鮮やかな鳥類がもてはやされ、新聞の社会面ではハクチョウの来訪が記事になる。ハクチョウなんぞ白黒でもかまわないのに、カラー写真で掲載されている。

お金に結びつかなくとも、多くの人は鳥類を憎からず思っているのだ。おそらく、読者諸氏でも、鳥を毛嫌いする人はそれほどいないはずだ。その点では、ケムシやナメクジ、ハダカデバネズミなどより随分と身分が高いものと、鳥類に代わって自負している。

鳥類の特徴はその翼である。翼は自由のシンボルであり、憧憬(どうけい)と畏怖(いふ)の対象となってきた。大天使ミカエルの背に生えていたのが、禍々(まがまが)しきコウモリの翼ではなかったのも、当然と言えよう。迦陵頻伽(かりょうびんが)にも、ペガサスにも、妖鳥シレーヌにも、鳥の翼が装備されている。これがカブトムシの翅(はね)やトビウオの鰭(ひれ)では、絵にならない。

たとえ、経済学者に一泡吹かせることができなくとも、人類の文化に影響を与え、憧れの存在であり続けてきたのが鳥類である。日本でも、花鳥画と呼ばれる自然を対象とした絵画が古来より多く描かれてきた。歌川広重、葛飾北斎、伊藤若冲等々、今も多くの名画が残されている。

哺乳類や昆虫も花鳥画のモチーフになっている。しかし、花獣画でも花虫画でもない。日本人が愛した自然の代表は、鳥なのだ。そして、紳士淑女の皆さんにも、同じ血が流れている。間違いない、貴公も鳥を憎からず思っている。

対象が異性であろうが、鳥類であろうが、憧憬の念は知識欲を喚起する。異性を研究しすぎた者は、ストーカーの汚名の下に逮捕されるが、鳥への興味は学問に至った。アリストテレスは著書に鳥類の生態を考察し、イザナギとイザナミはセキレイから国生みを学んだ。実に由緒正しき動物なのだ。

にもかかわらず、鳥類学の成果はあまり世間に知られていない。これでは、人類が刻んできた文化に対して、申し訳が立たない。おそらく、一般に名前が知られている鳥類学者は、ジェームズ・ボンドぐらいであろう。英国秘密情報部勤務に同姓同名がいるが、彼の名は実在の鳥類学者から命名されたのだ。隠密であるスパイに知名度で負けているというのは、実に由々しき事態である。スパイの名前が有名ということも、英国秘密情報部としては由々しき事態である。

実利の小さい学問の存在理由は、人類の知的好奇心である。縄文人の土偶製作も、火星人の破壊工作も、ダウ平均株価には一切影響を与えない。それでも人は土偶や火星人の動向を知りたくてしょうがない。

しかし、好奇心があってもきっかけがなければ、興味の扉を開くどころか扉の存在に気付きもしない。鳥類学者を友人に持たぬことは、読者諸氏にとって大きな損失である。そこで、ボンドに代わって鳥類学者を代表し、その損失を勝手に補塡(ほてん)することに決めた。

そういうわけで、今日からは私が貴公の友人だ。見知らぬ中年紳士の話を聞く義理はないだろうが、友人の言葉に耳を傾けるのは紳士淑女としての礼儀である。

束の間(つかのま)の鳥の話におつきあいいただき、共に鳥類学の世界を楽しんでもらえると幸いである。

鳥類学者だからって、鳥が好きだと思うなよ。

目次

本文イラスト・畠山モグ

鳥類学者だからって、鳥が好きだと思うなよ。

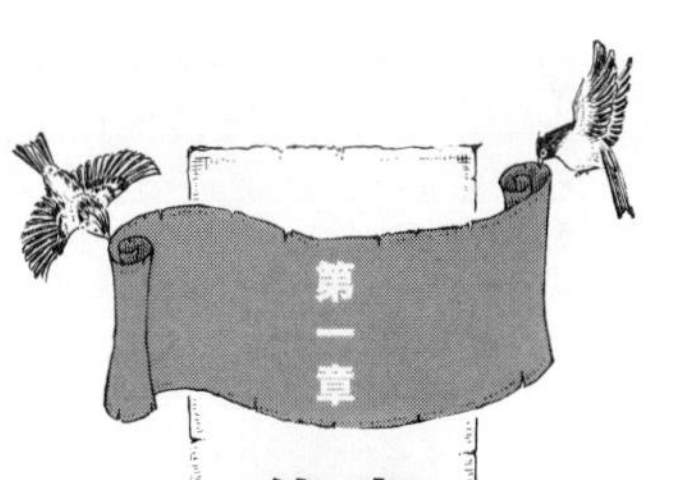

第一章

鳥類学者には、絶海の孤島がよく似合う

I　わざわざ飛ぶ理由がみつかりません

メグロ（東京の固有種）

やれるものならやってみたまえ

コタツで丸くなるのも、散歩中に棒にぶつかるのも、さして難しいことではない。食後に横になるのも朝飯前だ。いや、食後なので飯前ではないが、なにしろお手の物である。いずれにせよ、哺乳類(ほにゅうるい)の真似(まね)は何とかなるものだ。もちろん、コウモリやクジラは異端なので、話の都合上無視である。その一方で、鳥の真似は容易ではない。

人間は飛ぶことができないため、鳥類の行動は実体験の範疇を超えた未知の領域にある。飛翔という特異な行動こそが鳥の最大の特徴であり、魅力である。

老婦人に舌を切除されるひ弱なスズメでさえ、時には５００km以上を移動する。これも飛翔能力ゆえだ。のぞみなら2時間半の日帰りの距離と甘く見てはならない。そもそも、スズメの体重はわずか20ｇだ。約3千倍の体重を持つ私に換算すると、１５０万kmの大移動である。月まで2往復、弁当代だけで破産できる距離だ。海鳥のキョクアジサシに至っては、毎年北極圏で繁殖して南極圏で越冬するという無茶をやってのける。蛇行した経路は往復で8万kmに及ぶ。こちらは体重約１００ｇなので、私換算なら年間４８００万km。最接近時の火星になら、1年2ヶ月で到達できる。

鳥はあまりに易々と飛行するため、その有能さが実感されない。しかし、彼らも人類も同じく重力の支配下にある。その重力に逆らう飛翔は、間違いなく負担の大きな行動だ。実際、イカロスからラピュタまで、人類は重力に対して数々の敗北を喫してきた。対する鳥類は連戦連勝、感服の極みである。ただし、これは一朝一夕に為し得たものではない。約1億5千万年かけ、飛翔に適した形態と行動を進化させてきたのだ。飛翔効率の悪い個体は食物にありつけず、捕食者に狙われ、異性から見放されたことだろう。より優れた形質を持つ個体のみが生き残り、飛翔行動を洗練させてきたのだ。

さて、私の主な調査地は東京都の離島小笠原諸島である。本州まで約１０００㎞の海が隔てる紛う方無き絶海の孤島だ。小笠原には、コウモリを除く哺乳類は自然分布していない。それは、この島が海洋島だからだ。海洋島とは、海洋の底をなす海洋プレートの上にぽっかりと生まれた孤高の島である。海の中から生まれた島なので、海を越えられない動物にとっては到達することができない幻の地だ。ハワイやガラパゴスも海洋島である。これに対して、大陸棚の上にあり大陸とつながりやすい島を、大陸島と呼ぶ。本州や沖縄などは大陸島である。

地上性の哺乳類はあまり泳ぎが得意でないため、一部の例外を除き海洋島には分布できない。夏だからといって海水浴に行くのは、人間ぐらいのものである。野生哺乳類は普段から裸なので、わざわざ水着のご婦人を見に行く必要がないのだ。沖縄島には、ケナガネズミやトゲネズミなどの哺乳類が自然分布するが、これは海を渡ったのではなく、過去に大陸とつながっていた時代に陸伝いに到達したものと考えられる。

哺乳類とは無縁の海洋島にも、鳥類は悠々と分布を広げる。ハワイ、ガラパゴス、小笠原、海の真っ直中にある孤島であっても、必ずといってよいほど鳥類が生息している。飛翔という特殊能力を使えば、海は越えられない壁ではないのだ。

空席があるならくつろぎたまえ

さて、今回の主役は小笠原のメグロだ。もちろんカワサキに吸収された目黒製作所の往年の名車ではなく、メジロ科の小鳥のことである。小笠原には、固有の鳥が4種記録されている。オガサワラカラスバト、オガサワラガビチョウ、オガサワラマシコ、そしてメグロだ。このうち前3種は既に絶滅しており、メグロのみが生き残っている。小笠原諸島は東京都に属するので、メグロは東京の固有種でもある。日本人なら、首都に固有の鳥がいることを知っておいても、損はなかろう。

メグロは、メジロより一回り大きく体が黄色い鳥だ。赤いおめめがチャーミングなウサギさんでなければ目が黒いのは当然、なんとも無個性な名前と思うだろうが、その名の由来は眼球ではない。メグロは目の周りに黒い模様があるのだ。手のひらサイズで、翼とくちばしのある黄色いパンダを思い浮かべてもらえれば、ほぼ正解である。

飛翔が鳥類の特徴とはいえ、長距離を飛ばない鳥もいる。たとえば、キジやキツツキの仲間は長距離移動を好まない。このため、彼らは大陸とその周辺の島にのみ分布し、絶海の孤島にはいないのだ。このような種があるおかげもあり、島の鳥の種数は限られている。東京の高尾山で約50種の陸鳥が繁殖するのに対し、小笠原諸島では在来の陸鳥が15種しかいないのだ。そんな場所まで到達するメジロ科の鳥は、しばしば海洋島に分布を広げる長距離選手なのである。

小笠原にはキツネもキジもキツツキもいない。地上に捕食者がいないため、メグロはよく地面を歩き回る。競争相手がいないので、木の幹に垂直に止まって虫を食べる。様々な場所を利用し、昆虫も果実も花蜜もヤモリも食べる。

空間や食物は、生物にとって重要な資源だ。島では、資源利用の幅が拡大していくことが知られている。様々な資源を幅広く利用するメグロの行動は、捕食者や競争者が少ない島という特殊な環境での進化の証なのである。

改めて本州の鳥に目を向けると、彼らは空間を分割して利用している。樹上にはシジュウカラ、幹にキツツキ、地上にツグミ、藪にウグイスという具合だ。満員電車では、各人が利用できるスペースは限られる。境界を侵してもたいして利益にはならず、イヤな顔をされ気まずい思いをするだけだ。しかしガラガラ電車では、靴さえ脱げば座席に寝そべることも吝かではない。これが、本州と小笠原の生態系の違いなのである。

必要なければやめたまえ

メグロは、現在は小笠原諸島の母島列島だけに生息している。母島列島は、母島を中心に、姉島、妹島、姪島、向島、平島などが周りに配置されている。女系家族に、お向かいさんと空き地という構成で、島の距離は互いにせいぜい6㎞程度である。ただし、メグロがいるのは母島と向島と妹島の3島だけだ。どの島にも鳥が住める環境はあるのに、いる島といない島があるのだ。世の中に、モテる男とモテない男がいるのと同じくらい不思議だ。そこで、その分布の謎を調べることにした。

私は採血されるのは嫌いだが、鳥の採血をするのは嫌いじゃない。他者の痛みは、いくらでも我慢できるので、メグロの血液を採り、DNAを分析することにした。小鳥の血管は細いので、皮膚の外から注射針で静脈に少しだけ傷をつける。にじみ出た血液を細いガラス管で吸い取るのだ。怯えるメグロ132個体から血液を集め、悪役気分で分析に勤しむ。いや、実際に分析したのは器用で寛容な共同研究者だが、のび太の手柄は僕の手柄だ。共同研究とは、苦手な作業を他人に押しつけることである。

研究の暗黒面はさておき、DNA分析の結果、メグロは島ごとに独自の遺伝的なパターンを持つことがわかった。もし島間を個体が移動していれば、島ごとの独自性はなく、どの島でも似たものになったはずだ。つまり、メグロはわずか5㎞の海も越えないのだ。5㎞なんて、サメを騙して並べればウサギだって渡れる距離だ。それどころか陸続きでも、約3㎞の距離で個体の交流が非常に制限されている場所があった。メグロは陸地ですら移動を厭(いと)うのだ。

一方、彼らが海を隔てた3島に分布するのも事実だ。その理由は、氷河期と関係がありそうだ。ビュルム氷期は約1万8千年前に最寒期を迎えた。世界の氷の総量が多いと、海水は減り水面は下がる。当時は今より100m以上水面が低く、母島列島の島々はつながっていたと考えられる。その後の気温上昇で海水面が上がり、複数の小さな島に分断されたのだ。この時点では全(すべ)ての島にメグロがいたことだろう。

しかし、小さな島では、偶然の重なりや一時的な気象の影響などでも絶滅が起こり得る。一度絶滅した島では、新たな個体が到来せず、結果的に不連続な分布となったと思われる。海を隔てた島は、環境の善し悪(あ)し以前に、そもそもメグロとの接点を失ったのだ。モテない男もがっかりの結果である。まずは、出会いの場を見つけるのが先決なのだ。

そんなメグロに最も近縁な鳥は、サイパンにいるオウゴンメジロだ。つまり、祖先は約1300㎞の海を越えて南から飛来したのだ。にもかかわらず、今やすっかり引きこもりである。長距離移動の末に到達した生物が移動能力を低下させることも、島の生物の特徴の一つである。逆に、移動をやめたからこそ固有種になったのだとも言える。

周囲に陸のない孤島では、中途半端な移動の行く末は水没である。熱帯や亜熱帯のぬくぬくとした気候では、他所に移動せずとも、地の利のある故郷の生活に不満はない。海の向こうの見知らぬ土地に、生活に適した環境が必ずあるとは限らず、移動は命がけのギャンブルとなる。そもそも飛翔は、重力に抵抗する高コストな行動である。積極的に飛ぶ必要がなければ、飛ばない性質が進化するのだ。

鳥は、自由に空を飛ぶことができる。しかし、その能力の行使は、あくまでも彼らの選択に委ねられている。島に行くと、鳥にとっての飛翔の意義を、改めて考えさせられる。東京観光の折には、ついでにメグロを見に小笠原まで行ってほしい。そこには進化の歴史が透けて見えるはずだ。

そろそろ、交替したまえ

繰り返すが、メグロは首都東京の固有種だ。そして何を隠そう、東京固有の鳥は唯一メグロしかいない。すなわち、メグロは東京を代表する鳥なのである。

しかし、一つ問題がある。なんと都を代表する「都民の鳥」はメグロではないのだ。

1965年、メジロやヒバリなど10種の鳥を候補としてハガキ投票が行われ、ユリカモメが1位になったのである。この結果は東京都鳥獣審議会に諮（はか）られ、正式に認められた。ユリカモメは、伊勢物語などの古典文学にミヤコドリという名で登場しており、相応（ふさわ）しいと考えられたようだ。

ただし、投票総数は３２４２票、ユリカモメの得票はわずか５７９票だ。１０００万都市の東京で、わずか０・０１％以下の都民の支持が根拠なのだ。しかも、ユリカモメは大陸の北部で繁殖し、東京では越冬するだけの百代の過客に過ぎない。繁殖地が寒いからと、冬休みだけ遊びに来る惰弱な余所者（よそもの）に、東京代表を任せるのはいかがなものだろうか。人類の代表にクラーク・ケントを選ぶようなものである。

メグロが選ばれなかった背景には歴史的な事情もある。小笠原諸島は、第二次世界大戦後、沖縄と共に米国統治下に置かれていた。日本に返還されるのは１９６８年、投票の3年後である。都民の鳥は、本命不在で行われた結果と言えよう。

もう既に投票から50年以上経（た）つ。都知事ですら任期は4年である。そろそろ退位の頃合いだ。都民を代表して都知事に一言言わせてもらおう。既に大義はない。即刻メグロを都民の鳥に指定するのが道理であろう。

わたし？　茨城県民だが、それが何か？

2　火吹いて、地固まる

カツオドリ in 西之島

1Q73

オイルショックに百恵ちゃんデビュー、この年は忘れられない出来事が多い。そしてこの年は私が生まれた年でもある。生まれたばかりの私が、当時のことを認識しているはずがない。認識していなければ、忘れられるわけもない。

1973年は第二次ベビーブームのピークで、209万人の子供が生まれた。同年、その合計体重を遥かに凌駕するものが生まれた。西之島新島である。西之島は最近も噴火して話題になったが、この年にも噴火したのだ。

海底火山の噴火や珊瑚礁の隆起、天沼矛による攪拌など、島は様々なプロセスで生まれる。しかし、その様相を目にする機会はほとんどない。そのチャンスが眼前にもたらされたのは僥倖である。

西之島は、本州から約千㎞南にある小笠原諸島の無人島だ。1702年にスペイン船ロザリオ号に発見され、ロザリオ島と命名された。ロザリオはカトリック教徒の祈りの装具である。茫漠たる海の只中で、生命の宿る島は祈りを感じさせたのかもしれない。

1801年、イギリスの軍艦ノーチラス号は、この島をデサポイントメント島と命名した。「失望の島」の意だ。森林も淡水もない島は、希望より失望を与えたのだろう。19世紀の欧米の船乗りは、インビジブル島「見えざる島」と呼んだそうだ。標高25mの平坦な島は、発見すら困難だったのだ。いずれも想像力をかき立てる意味深な名ばかりだ。

にもかかわらず、和名は「西之島」。

中学生の作文なら、美人教師に懇々と説教されるクオリティの低さだ。美人の説教は嫌いじゃないが、もう少し工夫がほしかった。祈り、失望、消失の次だ。涅槃島か輪廻島がおすすめだろう。

無個性な名前のせいで、西之島は長年注目されなかった。しかし、１９７３年6月、この島が大々的に報道された。島から約５００ｍ地点で海底火山が噴火し、新島が誕生したのだ。この島は、同年12月に西之島新島という底抜けに安直な名が与えられた。

しかし、命名が早すぎたかもしれない。新島は翌年6月には消滅してしまったのだ。ただし、崩れて海没したわけではない。島が成長しすぎて、西之島と合体したのだ。一つの島に二つの名は要らない。新島の名は引退を余儀なくされ、西之島に吸収されてしまった。

西之島は、旧島と、噴火でできた新島、その間をつなぐ砂礫の浜で構成される。すでに独立島ではないが、73年噴火の溶岩でできた部分は便宜的に新島と呼ぶ。

ここで生物学者の出番だ。

噴火の前、島には植物が3種しか確認されていなかった。非常にシンプルな生態系である。そこに、新たな陸地が加わったのだ。この島は、生まれて間もない島のモデルとなる。ここの変化を調査すれば、島の生物相の成立過程が理解できる。これは、多くの生物学者が注目する普遍的なテーマの一つであり、滅多にないチャンスなのだ。

私が初めて西之島に行ったのは１９９５年だ。有人島から小型の船にゆられて8時間、小型の船から泳いで5分間、ゴツゴツの岩だらけの島だ。植生も貧弱で、行ったことはないが火星みたいな場所である。亜熱帯の日射(ひざ)しに焦(こ)がされる島は、さながら灼熱(しゃくねつ)の中華鍋(なべ)に踊る青椒肉絲(チンジャオロウスー)を彷彿(ほうふつ)とさせる。ろくな日陰もなく、油断すると天に召されそうになる。まさに失望の島だ。

にもかかわらず、この島はパラダイスだった。上陸すると、無数の海鳥が天を舞って歓迎する。本当は、歓迎ではなく警戒して飛び回っているだけなのだが、とにかく国内有数の海鳥繁殖地なのだ。海鳥は海で食物を得るので、地上には巣を置くスペースさえあればよい。過酷な環境には捕食者もいない。数千羽が集い、これまで11種の海鳥の繁殖記録がある海鳥の楽園なのだ。

島に無数にある海鳥の巣を覗(のぞ)くと、不思議な巣材が目に付く。普通は植物の茎や枝で巣を作るが、それは真っ白な棒だった。よく見ると、なんと鳥の骨である。植生が貧弱で巣材が不足する島ならではの光景だ。死が生を育(はぐく)む、やはり輪廻島に改名である。

新島の部分には、まだ植物も鳥もいない。しかし、旧島の裾(すそ)からは植物が広がりつつある。海鳥の巣も植物と共に広がり、新天地に着々と進出している。

初上陸から約10年経ち２００４年に再訪すると、植物は新島の足元まで達し、植物種数は6種を記録していた。まだ貧弱な生物相だが、着実に変化している。

私の誕生日は１９７３年4月11日、新島の火山活動は翌12日に初めて記録された。同い年どころか、アストロ双生児かもしれない。その私が新島を調査していることに、偶然以上のものを感じた。

絶望に一番近い島

２００４年の調査から約10年、そろそろ再調査と思っていた時だ。２０１３年11月、島の近傍で海底火山が噴火し、島ができたというニュースが巷(ちまた)を駆け巡った。悪い予感がした。

西之島の東南に生じたので、東南西之島という前衛的な命名を期待した。しかし、あふれる溶岩により島の成長は止まらず、12月にはまたもや西之島に接続した。我が盟友たる新島部分は、２０１４年9月までに溶岩に飲まれ、41年の生涯を終えた。バカボンのパパと同い年である。私は、人知れず友の死を悼(いた)んだ。

研究をしていると、たまに調査地が消滅する。私の調査地が、焼き畑で灰燼(かいじん)に帰したこともある。友人の調査地が、崖(がけ)崩れに没したこともある。そして今回、島の生物相の謎を解く研究計画は、みるみる溶岩に飲まれていく。国内に2ヶ所しかないオオアジサシ繁殖地の一つは、すでに跡形もない。私ほど今回の噴火を呪った者はいないだろう。

一方で、海上保安庁の航空写真では、溶岩の傍でも植物が青々と茂っていた。これは、有毒ガスが少ない証拠だ。つまり生物への影響は、溶岩と噴石という物理的効果に絞られる。これなら鳥への影響も最小限である。噴火中の繁殖地にもまだ海鳥はいるかもしれない。災害に対する海鳥の振る舞い、これもまた滅多に調査できない興味深いテーマだ。調査地消失の腹いせに、ぜひ確かめたい。

しかし、噴火は当初の予想より大幅に長引き、島から6㎞以内は警戒区域とされ接近が制限されることとなった。それだけ危険な状態ということだ。誓って言うが、私の研究には命をかける価値はない。そもそも私は、文房具屋めぐりを好むインドア派だ。現地を確かめる術はない。

臆病風が好奇心を駆逐してモジモジしていた2014年、NHKから声がかかった。噴火の記録を残すため、無人飛行機で撮影するので一緒にいかがというお誘いだ。これなら私は安全である。安楽椅子研究者の心が浮き立つ。御都合主義的展開に、心から感謝だ！

行こう、行こう、火の山へ

12月初旬、撮影の日が来た。無人機を操るのは新潟県のエアフォートサービス、震災後の原発撮影にも活躍した空撮のプロである。飛行機は小笠原諸島の有人島父島から高度800mで西之島に向かう。GPSを頼りに130㎞の海を越え、自動で空中撮影して帰還するという算段だ。全長2m、重量25㎏、2ストエンジンは時速120㎞を叩き出す。

スタッフが見守る中、機体が西の空に消え、2時間半後に予定通り帰ってくる。機体からカメラを下ろし、いよいよ映像を確認する。生物を拒む火山島の姿がついに明らかになる。私のミッションは海鳥の安否を確かめることだ。

まずは、高度600mで様子見である。噴火開始から1年も経つのに、絶え間なく噴火が続く。噴煙は飛行機近くまで上がり、軽自動車ほどもありそうな噴石が舞い飛ぶ。蛮勇を振るってゲリラ上陸とかしなくて、本当によかった。

噴火の勢いは、まるで恐竜時代の再現映像のようだ。旧島由来の安寧の地は、残り約2ha。さすがにもう海鳥はいないかと諦めの気持ちが漂う。とはいえ、島の様子はわかったものの、鳥の様子が確認できたわけではない。目的を達成するためにはもっと近づく必要がある。

空撮チームが英断する。

「よし、高度を下げましょう」

プロジェクトX的な展開が始まる。

次のフライトでは、飛行機は部品が脱落し木製プロペラが割れ、満身創痍で帰ってきた。よく墜落しなかったものだ。妖鳥シレーヌに遭遇し必殺パンチをお見舞いされた可能性も否定できないが、高度を下げた結果、噴火の影響を受けたと考えるのが妥当だろう。剣呑だが、その価値はあった。

高度200mからの映像を見ながら、空撮チームの一人が海上を指さす。

「これ、鳥じゃないですか？」

白波に紛れて砂粒のような点が飛ぶ。さすが空撮のプロ、驚異的な観察眼である。

島の間近に海鳥がいる。まだ島に海鳥が残っているという期待が芽生えた。

大脳はアドレナリンの海を泳ぎ始める。

「さらに高度を下げましょう！」

脳内で「地上の星」の幻聴が響き、翌日のプランが決まる。もちろん「最初に発見する役は、私がやりたかった！」とは、言わずにおいた。

大人だからな。

３度目のフライトは高度１５０ｍで島に迫る。強風で飛行機の帰還が数十分遅れそわそわしたが、いよいよ映像の確認だ。溶岩に囲まれながらも、まだ植物が残る旧島が目前に迫る。そして、そこには確かに海鳥が飛び立つ姿があった！

島は、上空から襲い来るワシやタカへの警戒心が強い。迫る飛行機に警戒し、島にいた個体が飛び立ったのだ。有人機では為し得ない低空撮影の成果である。

確認された鳥は、この島で繁殖するカツオドリとアオツラカツオドリと推定された。カメラに映っただけでも十数羽、実際には数倍の個体数はいるだろう。アオツラカツオドリは、国内では西之島と尖閣諸島でしか繁殖が確認されていない鳥だ。噴火に晒される中、物好きにもまだこの狭い土地に残っていたのだ。

海鳥の飛翔力は、桁外れだ。風に乗れば１日で数百㎞の移動も可能であり、もちろん他島への避難もできる。しかし、彼らは島に残った。過去に繁殖に成功した場所は、繁殖に適した条件が確実にある場所ということだ。しかし別の場所では、良い条件が必ずあるとは限らない。実績のある場所への執着が、繁殖成功率を高める手段なのである。危険があろうとも、この島はかけがえのない特別な場所なのだ。

噴火という自然の脅威に晒されながらもそこに生き続ける鳥の姿に、若干感動してしまった。

それからしばらく後、海上保安庁が２０１４年12月25日に撮影した航空写真を発表した。溶岩はさらに迫り、旧島は残り約１ha。さすがにもうダメかもしれない。

しかしその写真をよく見ると、溶岩上に白い影が３つ写っていた。断言はできないが、アオツラカツオドリの可能性がある。残り１haでもまだいたのだ。こうなったら、最後の一兵まで頑張れ。鳥の巣なんて１㎡もあれば置けるはずだ。

もちろん日付的にはサンタの可能性もあるが、それはそれで大発見だ。その真偽を確かめるためにも、調査を続ける必要がある。再びリセットされた島は、また長い時間をかけ新たな生物相を構築する。何百年かかるかわからないが、行く末をぜひとも見届けたい。地道な調査が科学を支える。今回の噴火は、島の終わりではなく、新たな始まりである。

よし、まずは輪廻転生の研究からだな。

3 最近ウグイスが気にくわない

ハシナガウグイス（左）とウグイス（右）

オノマトペ

私はウグイスと仲が悪い。

それはさておき、スラ・スラやピカ・ピカをご存知だろうか。ほんやくコンニャクを食べたのび太の読解力でも、父君の禿頭（はげあたま）でもない。これは、アカアシカツオドリとカササギの学名である。

名前は他者を認識する記号だ。名前がわからなければ路傍（ろぼう）のエキストラに過ぎないが、剛田くんや骨川くんの名を知れば、存在を認識し対象と客観的に向き合える。無名の対象はとらえ難く、時には興味の外におかれ、時には居心地の悪い存在となる。だからこそ、侍もしばしば相手に名前を尋ね、自らも大見得を切りながら名乗りを上げる。命名こそが、世界を正しく認識するための単純かつ必須（ひっす）の方法なのだ。

野生生物に対しても同じである。正体不明の動物が沼から現れたら気味が悪いが、河童（かっぱ）とわかればもう怖くない。尻子玉（しりこだま）に気をつけてさえいればよいのだ。このため、日本人は日本語で、火星人は火星語で、野生生物に名前を付けてきた。しかし国際化が進むと、世界共通の名前が必要となる。そこで考案されたのがラテン語を基礎とした学名である。18世紀、スウェーデンの植物学者リンネが提案した二名法だ。

ヒトの学名はホモ・サピエンスである。ホモが属名、サピエンスが種小名、二つあわせてヒトという種を特定する。ホモ・ネアンデルターレンシスなら、同じホモ属の近縁種、ネアンデルタール人のことだ。

カササギはピカ属のピカ、アカアシカツオドリはスラ属のスラである。彼らは、属名と種小名が同じであるため、若干面白い学名になっているのだ。

別種に分けるほどではないが、地域によって特徴に違いがある場合、種を亜種にわける。亜種は種小名の後ろにもう一つ名前を付け、地域の集団を特定する。スラ・スラ・スラと言えば、アカアシカツオドリの中でもカリブ海や大西洋にいる亜種、ピカ・ピカ・ピカはイギリスから東欧にかけて分布するカササギの亜種だ。日本で見られるカササギは、ピカ・ピカ・セリカという亜種になる。

ピカ・ピカ・ピカのように第二、第三の節が同じ亜種を、基亜種と呼ぶ。これは、その種を定義する標準的な亜種であり、分類学上の基準となる。たとえば、アフリカ西部にいるニシゴリラの基亜種はずばりゴリラ・ゴリラ・ゴリラだ。まるで悪口のようだが、これも正式な学名なのである。

では、そろそろ本論に入ろう。

告　発

ウグイスは、日本人のソウルバードである。北海道から花札まで広く分布し、ホーホケキョと親しまれている。法華経を知らない幼子でも、その声を聞けば春の訪れを知り、花粉症を思い出してくしゃみする。

日本で見られるウグイスは6亜種に分けられている。本土部で繁殖するウグイスは、その亜種名もずばり「ウグイス」と呼ばれる代表的存在だ。種名と混同しないよう、亜種ウグイスと呼ぼう。彼らは北海道から鹿児島まで広く分布する亜種なので、この名を冠するのも当然と言えよう。春に我こそはと偉そうにさえずっているのは、代表選抜に裏打ちされた自信の表れだ。

　対して、小笠原諸島のウグイスは亜種ハシナガウグイスと名付けられている。くちばしが細長く体が小さい。亜種ウグイスは人目を避けて藪の中を好むが、ハシナガウグイスは好奇心旺盛(おうせい)で人の近くまで寄って来る。時には望遠レンズのピントが合わないほど近く、後退せねば撮影しかねる愛くるしい鳥だ。姿も行動も亜種ウグイスと異なるため、初見の人々は「まるでウグイスじゃないようだ」と評する。

　しかし、騙されてはいけない。これは、亜種ウグイスが目論(もくろ)む下克上のシナリオの一部に過ぎない。下克上とは、下位が上位を討つ構図である。そう、私に言わせれば、亜種ウグイスは下位の存在なのだ。

　真実を知る者の責務として、彼らの秘密を暴(あば)こう。実はウグイスの基亜種たるケティア・ディポネ・ディポネの名を持つのは、ハシナガウグイスである。その欺瞞(ぎまん)に満ちた亜種和名と分布の広さから、亜種ウグイスがウグイス界の中心であるかのように見えるだろうが、その学名はケティア・ディポネ・カンタンス、基亜種ではない。

　つまり、ウグイスという種は基亜種であるハシナガウグイスをもって定義され、亜種ウグイスがウグイスとしての学名を名乗れるのは、ハシナガウグイスと近縁だからと言える。

そう、ウグイスの中心は小笠原にある。学名と和名で立場が逆転しているのだ。ハシナガウグイスが亜種ウグイスに似ていないのではなく、亜種ウグイスがハシナガウグイスに似ていないと言うべきなのだ。基亜種に敬意を払わずふんぞり返る亜種ウグイスの姿に耐えられず、基亜種の代弁者となり真実を吐露した次第である。彼らは傲慢を悔い改め、小笠原まで表敬訪問にでも行くべきである。

これに納得いかない親ウグイス派の方もおられるだろう。実はこれは、ヒトの歴史に翻弄された二つの亜種の悲劇の物語なのだ。

学名の決定には重要なルールがある。それは「早い者勝ち」だ。世界には無数の生物がおり、生物学者は約300年かけて学名をつけてきた。時には、同じ種に異なる複数の学名が付けられることもある。これがウグイスに訪れた悲劇だ。

世界各地で次々に学名がつけられていた時代、江戸幕府は鎖国の殻に閉じこもっていた。しかし、小笠原諸島はまだ日本の領土とされておらず、欧米から多数の航海者が訪れていた。その中の一人、鳥類学者キトリッツはハシナガウグイスを発見し、新種として学名を与えた。1830年のことである。

一方で、医師にして博物学者でもあるシーボルトは、長崎の出島に居を構え日本の鳥の標本を採集していた。1847年、彼の標本に基づき、ウグイスはハシナガウグイスとは別の独立した新種として発表された。ちなみにこの時、ウグイスの雄と雌は別種として発表されている。ウグイスの雄は雌より随分と大きいため、サイズの違いから別種と誤解されたのだ。

しかし学問の進展に伴い、雄も雌もハシナガウグイスも同種と認識されるようになった。ここで早い者勝ちの原則が適用される。鎖国政策の影響でハシナガウグイスが一歩先んじて命名されており、こちらが種としての学名に採用され基亜種となったのだ。そして、ウグイスにつけられた学名は、種名から亜種名に格下げになった。江戸幕府の政策に翻弄され、亜種ウグイスは基亜種となるチャンスを逸したのである。

ハシナガウグイスという特殊な名前を持つと、まさかこれが基亜種とは思わない。亜種和名にも言霊（ことだま）が宿るのか、学名と立場が逆転したことで、多くの日本人は亜種ウグイスこそウグイスと思っている。しかし、真の種名継承者はあくまでもハシナガウグイスであり、彼らこそケンシロウなのだ。亜種ウグイスは所詮（しょせん）ラオウに過ぎない。私が世界征服の暁には、ハシナガウグイスにこそ亜種ウグイスの名を与え、亜種ウグイスはハシミジカウグイスに改名しよう。

では、亜種の和名は誰が決めたのか。それは日本鳥学会である。百年以上の歴史を持つこの学会では、定期的に刊行される日本鳥類目録で、日本の鳥のリストを発表している。多くの図鑑やレッドリストなどが従う権威あるリストだ。最新版は2012年に発行され、ウグイスの亜種名もここで規定されている。基亜種に「亜種ウグイス」の名が与えられない不埒な現状の責任は、学会にあるのだ。

ふむ、責任追及のため目録の編集委員の名前を確認せねばなるまい。ふむふむ、委員のリストのその一角に見慣れた名前、「川上和人」……。

ごめん、ハシナガウグイス。

結局のところ日本人が古来よりウグイスと呼び親しんできたのは、ハシナガウグイスではない。たとえ基亜種でなくとも、亜種ウグイスこそ日本人にとってのウグイスの実体なのである。分類学上の代表性より、心情に即した大岡裁きである。小笠原の鳥をこよなく愛する私だが、入稿前にこっそり原稿を差し替える勇気はなかった。チキンと呼んでいただいて結構。

侵攻

そんな両亜種の仁義なき戦いが、新局面を迎えている。

小笠原諸島の北部にある聟島では、戦前の記録を最後にハシナガウグイスが絶滅した。外来種のヤギによる植生破壊と外来種のクマネズミによる巣の捕食が主因と考えられる。しかし2007年から、この島に再びウグイスが現れたのだ。

そこで、共同研究者とともにその個体を捕獲してDNAを調べたところ、亜種ウグイスと判明した。正確には、より北方に住む亜種カラフトウグイスの可能性もあるが、両者の判別は難しいため便宜的に亜種ウグイスとして話を進めよう。

温暖な場所では、ウグイスは一年を同じ地域で過ごす。しかし、寒冷な地域の個体は、冬になると南に渡る。そんな鳥が小笠原に飛来したのだろう。彼らは律儀にも基亜種への表敬訪問をしていたのだ。

小笠原での亜種ウグイスの確認は今回が初めてだが、見つかっていなかっただけで、現実には時々飛来していた可能性がある。たとえそうであってもハシナガウグイスがいれば特に問題ない。地元民には地の利があるため、越冬個体が居残る余地はなく、春にはすごすごと北に帰っていくだろう。残留個体がいても、少数なら影響は微々たるものだ。

しかし、現在の聟島にはハシナガウグイスがいない。しかも、その消滅の原因と考えられるヤギとネズミは、生態系保全のため最近根絶されてしまった。今のこの島は、彼氏も両親も不在の美少女のようなものだ。亜種ウグイスが渡りをやめて定着しようとすれば、それを止める者はいない。

実は、亜種ウグイスは前科者だ。沖縄の大東諸島では、在来の亜種ダイトウウグイスが絶滅の後に亜種ウグイスが定着し、2003年から繁殖も確認されているのだ。今のところ聟島で確認された亜種ウグイスはまだ数羽で、定着するかどうかもわからない。しかし、もしも定着したらどうなるだろう。聟島から約50㎞離れた父島列島にはハシナガウグイスがいる。遠方から渡来した亜種ウグイスには目と鼻の先だ。亜種ウグイスが聟島で個体数を増やし、そこを足がかりに分布を広げたら、亜種間で雑種を作り遺伝子汚染が生じる危険もある。

亜種ウグイスに罪はない。聟島でのハシナガウグイス絶滅も、外来種の野生化も、外来種駆除も、全て人間の仕業だ。しかし、罪の有無と、在来の鳥に対する影響への配慮は別の話だ。ひとたび個体数が増えるとその対処は格段に難しくなる。場合によっては、増加前に駆除する英断も必要とされる局面である。もちろん、これも自然の推移と現状を見守ることは容易である。しかし、それが模範解答とは限らない。

自然を管理するなど、傲岸不遜かもしれない。それでもなお、人の影響を受けて目の前で変容していく生態系を、見ない振りはできない。亜種ウグイスは、私を悩ませる懸案事項の一つだ。こうして、私はウグイスと不仲になったのである。

4　帳（とばり）と雲雀（ひばり）のあいだに

寝ない子ダレダ？

私は流行に敏感である。いち早く花粉を捉（とら）え、誰よりも遅くまでこの身をティッシュボックスに委ねている。毎年春になると、そろそろ製紙業界から感謝状が来るのではないかと、そわそわの日々を過ごしている。

日本の人口の約10割とも言われる花粉愛好家は、日中は花粉乱舞のため活性が低下

ズグロミゾゴイ

し、自ずと活動時間が夜間にシフトする。夜行性の動物はこうやって進化してきたにちがいない。黄色い靄の中に薄れゆく意識の片隅で、アレルギー進化論の考察が深まり、哺乳類の多くが夜行性となった原因が淡い輪郭を結ぶ。

　哺乳類の外見は枯れた褐色を呈し、侘び寂びに満ち満ちている。地味な配色は、視覚を重視せず嗅覚に依存しながら夜行性を研ぎ澄ませてきたことに対応している。一方、鳥類の特徴は色彩の豊かさにある。鳥は昼行性を基本とし、視覚に頼って人生を謳歌している。鳥の艶やかなる外見は、視覚をコミュニケーションツールとしている証拠なのだ。

　昼行性の鳥は、確かに夜には眠りがちだ。そのおかげか、鳥目という不名誉な疑惑もかけられている。しかし、私は寡聞にして鳥が鳥目である証拠を知らない。その代わり、多くの鳥が夜間にも活動していることを知っている。

　フクロウだけではない。あれはナイチンゲール、童話愛好者ならヨタカ、平家物語同好会会員なら鵺の名が頭をよぎろう。文学のみならず、多くの鳥が夜間に活躍する。身近なカモでも、昼は水面で休み夜間に採食をするものは少なくない。

　とはいえ彼らは、必ずしも夜間にのみ活動するドラキュラ型ばかりではない。昼も夜も共に活動する両刀型が多数いるのだ。たとえば、干潟で食物を摂るシギやチドリには、太陽の有無よりも潮の干満の方が重要であり、夜も採食に精を出す種が多数知られている。様々な渡り鳥も夜間に長距離を移動する。これは、タカやハヤブサに襲われないためとも、気温が低く気流が安定しているためとも言われる。

鳥目なのはむしろ文明かぶれの人間の方で、暗闇（くらやみ）に視界がきかぬゆえ、夜の鳥に気づいていないのだ。鳥を鳥目とする最大の原因は、人が鳥目であるためと推測される。

昼には普通に生活しながら、鳴き声をあげるために夜更（よふ）かしする鳥も珍しくない。ナイチンゲールの異名を持つサヨナキドリ、鵺と呼ばれるトラツグミ、彼らもその一角だ。初夏の夜更けにホトトギスの声を聞くことも珍しくない。それらは決して狂い咲きではなく、彼らの戦略なのだ。

鳥は視覚の動物であると同時に、聴覚の動物でもある。きれいなさえずりは、聴覚によるコミュニケーションの発達の証左である。高らかに歌い、ときにメスに求愛し、ときに縄張りを宣言する。外からは見えないが、羽毛の下には立派な耳が隠されているのだ。

昼行性なら昼に鳴くのが道理である。しかし、昼は多くの生物が活動し、世界は音にあふれている。一方で、夜は静かで気流も安定する。鳴き声の目的が他個体の耳に入ることなら、より声が届きやすい夜間を選ぶ鳥がいるのもうなずける。もちろん、昼ならば声を目当てに襲いかかってくるタカも、夜にはグースカピーである。様々な文学作品で夜鳴く鳥が綴られるのも、静謐な中に声が際立つがゆえであり、時間帯の選択の成功を象徴している。

時間は空間と同じく、生態系に存在する資源である。昼という時間は暖かく明るく質が高い資源であるため、競争率が高い。これに対して、夜はその暗さと寒さゆえに利用者の少ない不人気な資源である。夜の鳥たちは、このマイナーな資源を選ぶことで利益を得ているのだ。

耳をすませば

ある時、ズグロミゾゴイというサギの分布を調べるため、八重山諸島を渡り歩いていたことがある。サギというと水田に遊ぶシラサギが頭に浮かぶが、ズグロミゾゴイは森に住むキョロちゃん似のサギだ。彼らは薄暗い林内で褐色の羽衣をまとって褐色の地上に佇むため、なかなか見つからない。青き衣をまとって金色の野に降り立ってくれれば見つけやすいのだが、万全の捕食者対策は鳥類学者の目をも容易に欺いてしまう。しかし、彼らは夜になるとよく通る声で鳴き始める。そこで、声を頼りに分布を確認することにした。

3月下旬の石垣島、亜熱帯の森林で夕暮れを迎える。鳥たちはねぐら入り前にひとしきりさえずり、一時の喧噪に包まれる。日暮れとともに野生動物は鳴りを潜め、世界は静寂に没する。しかし、名残惜しげな残光が失せた次の瞬間、突如として森は夜の賑わいに包まれるのだ。

藪や林縁から響く民族楽器の音色は、クイナの仲間だ。森の奥からはコホッコホッとリュウキュウコノハズクがリズムを奏でる。あちこちの沢筋から低い金管楽器のようなプゥープゥーという響きが耳に入る。これがズグロミゾゴイである。

昼の喧騒と宵の静寂ののち、暗闇から湧き上がる非日常の音響は、まるで映画のワンシーンのようだ。「千と千尋の神隠し」で、日が暮れるのを境に日常が遠のき、妖と神の世界が突如として姿を現す場面を思い出してほしい。あるいは、日没とともに享楽とネオンサインが彩る六本木の夜とも似ている。ただし、夜の六本木なぞ行ったことがないのは内緒だ。

食事にお風呂にテレビに晩酌、日暮れどきは忙しい。ちょっとそこまでと八重山の森に分け入るのは容易ではなかろう。それでもなお、夜のオーケストラは一聴の価値がある。機会あらばぜひとも臨んでみてもらいたい。

なお、ズグロミゾゴイの声は、近くから聞くとブォーブォー、遠くから聞くとプゥープゥーと聞こえる。距離に応じて声に含まれる周波数の一部が減衰しているのだろう。この聞こえ方の違いは、他個体までの距離の把握に貢献していると推測される。おかげで彼らの声は、時にはウシの声に、時にはギアチェンしながら加速する4ストバイクのエンジン音に似ている。調査中、気づくと牛舎の前やホンダの後ろにいたことは、1度や2度ではない。彼らの調査をする時には、騙されないようよくよく気をつけてほしい。

当時この鳥の既知の分布は、石垣島、西表島（いりおもて）、黒島の3島のみだった。しかし、八重山諸島には多くの島があるので、真の分布を求めて島を彷徨（さまよ）ったわけだ。その結果、日本最西端の与那国島やちゅらさんの小浜島を含め、宮古諸島と八重山諸島の主要な島のほとんどにいることがわかった。

世の鳥類学者の数は少なく、鳥の生活や分布にはまだ不明点が多い。残念ながら図鑑の内容も完璧（かんぺき）ではない。地道な研究が、図鑑の精度の向上と子どもの笑顔を支えているのだ。

仄暗（ほのぐら）い穴の底から

夜と昼のジキルとハイド的二面性は、夜間調査の醍醐味（だいごみ）である。その魅力にとりつかれた私は、小笠原の無人島に夜間調査に入った。今度のターゲットはミズナギドリだ。

ミズナギドリの仲間は、地面に掘った深い穴の中に巣を作る。不用意に繁殖地を歩き、巣を踏み抜いて強烈な罪悪感に苛（さいな）まれるのは、ミズナギドリあるあるだ。彼らは、日中は海で過ごし夜に巣に出入りするため、夜間調査で探索するのがセオリーである。

日が暮れると、頭上から風切り音が降ってくる。超高速の天使が敵のレーダー網を避けて低空飛行する時の音に似る。海から戻ったミズナギドリが旋回しているのだ。地底からは歓迎の声が響き始める。ウーウーと唸（うな）る声、ギーギギギーと叫ぶ声、トトットゥトゥトゥと独自のリズムを刻む声、多様な声が湧き上がる。呼応して、飛んでいる個体も鳴き声を上げる。360度サラウンドどころか、天地を含む全方位からの立体音響だ。天文学者もうらやむ満天の星空に目もくれず、闇に耳を傾ける贅沢（ぜいたく）を堪（たん）能（のう）する。

海鳥は、しばしば複数の種で集団繁殖する。そのためか、彼らは種ごとに特異な鳴き声を発する。視覚に頼らずに他種と同種を区別しているのだろう。これは、夜行性の種ではよくあることだ。例えば、フクロウ類でも、フクロウはゴロスケホゥホゥ、アオバズクはホッホーと鳴く。おかげで私たちも声で種を識別可能である。

これもまたある年の3月、無人島にて夜を待つ4人の影があった。残念ながらルパン一味と不二子ちゃんではなく、夜目遠目笠（かさ）の内が似合う中年男性の一群だ。ターゲットはセグロミズナギドリ、世界でも小笠原諸島の二つの島でしか繁殖が見つかっていない希少種だ。別名をオガサワラミズナギドリとも言うこの鳥の繁殖地を探すため、セオリーに従い夜間調査に入ったわけだ。

夜の沖縄にはハブがいる。夜の海にはサメがいる。夜の中南米にはチュパカブラがいる。しかし、小笠原の無人島にはいずれもいない。夜間調査でも比較的安全である。おかげで、私はあまりにも油断していた。

入念に油断を研ぎすませていた丑三（うしみ）つ時、突如として頭に暴力的な衝撃が走った。

頭がガンガンする！　いや、バタバタする！　さらに、ギチギチする！　エイリアンに脳を乗っ取られたかのような強烈な頭痛だ。ワケがわからない。脳内で聖飢魔Ⅱ（せいきまつ）が大音量ゲリラライブを始めたら多分こんな感じだろう。事態が飲み込めず混乱した私は、狂ったように頭をかきむしり、勢いでメガネが暗闇に飛ぶ。メガネがないとのび太顔になってしまう私は、いそいそとメガネを探す。おかげで少し冷静さを取り戻し、ようやく事態を理解した。

頭の中に、虫がいる。

夜間調査にヘッドランプは欠かせない。しかしランプには虫が寄ってくる。光に魅せられた蛾が耳穴に飛び込んだのだ。世界はこんなに広いのに、なぜその軌道を選んだ。耳奥に侵入した蛾は、3分に一回鼓膜に体当たりしながら大暴れする。私は悶える。暴動の合間はギチギチ言いながら鼓膜に頬ずりしてくる。このままじゃ気が狂う。

正直に言おう、私は虫が苦手だ。特に蛾は注射と同じくらい嫌いだ。そいつを頭の中で飼っているなんて、信じられない。信じたくもない。まずは、息の根を止めねばなるまい。よし、水攻めだ。頭を傾け、水筒の水を耳に注ぐと、強烈にクラクラして転倒しそうになる。耳に冷水を注ぐと三半規管が刺激されて目眩がするというのは本当だったらしい。足場の悪い岩場では、先にこちらの息の根が止まる。中止だ。

いずれ鼓膜を突破し脳に侵入され、私はモスマンに成り果てる。ミュータントモスが腹を食い破り人類を恐怖のドン底に叩き込む。不吉な未来に怯えながら夜明けを待つ。長く戦い過ぎて蛾と友情が芽生えてしまうかと不安になったころ、朝日の中に迎えの船が現れた。

有人島に戻り診療所の門を叩く。宿直ドクターにより、13㎜の血まみれの蛾が取り出された。立派な虫だとお褒めの言葉をいただき、一番長い夜がようやく終わりを告げた。

それ以来、夜間調査があると初春の夜の悪夢が頭をよぎる。耳栓と鳴き声のどちらをとるべきか、それが問題だ。

第二章

鳥類学者、絶海の孤島で死にそうになる

I 南硫黄島・熱血準備編

鳥類学者は南をめざす

6月には国民の祝日が1日もないと嘆いていたのは、のび太だ。

私は彼に指摘されるまで、この祝日法の構造的欠陥に気づいていなかった。のび太の洞察力にはいつも敬服する。この時期は休みがないだけでなく、全国的に梅雨前線の襲来を受け、誰もがジメジメとげんなりしている。湿度の高い中でウキウキしてい

るのは、カタツムリの研究者だけである。

南北に国土が広がっているため、面積に比して広い気候帯にさらされていることは、日本の特徴の一つだ。亜寒帯の北海道から亜熱帯の沖縄・小笠原まで、地域によって全く異なる環境を擁している。いかにヴァチカン市国が絢爛たる美術品を極めようが、モルディブ共和国が美しい海を誇ろうが、こればかりは真似できない。多様な環境は、我が国の誇りである。

今しがた6月は全国的に梅雨と書いたが、あれは嘘だ。私の調査地である小笠原諸島は、ゴールデンウィーク頃に梅雨入りし、6月上旬に梅雨明けする。ウィキペディアには小笠原には梅雨はないと書かれており、確かに公式に梅雨入り宣言されることはない。しかし、本州到達前の梅雨前線がジメジメと雨を降らせているのだから、梅雨と呼んで憚りなかろう。疑い深い御仁は、ぜひ5月末に島に来てほしい。傾斜のある遊歩道の赤土がぬかるみ、登っても登っても前に進まぬ無限回廊を経験することができるはずだ。

梅雨が明けると、小笠原高気圧が島の上を覆う。いや、むしろこの高気圧が発達することで、前線が北に押し上げられて梅雨が明けるのだ。その結果として本格的に梅雨入りする本州はいい迷惑だろうが、6月の小笠原は台風の発生も少なく、一年で最も海が凪いでいる。このため、冒険的な無人島調査は、毎年この時期に集中して行うことになる。そんな調査の中で最も思い出深い場所は、南硫黄島だ。

南硫黄島は、第二次世界大戦の激戦地として有名な硫黄島よりさらに南に60㎞の位置にある無人島である。山頂の標高は９１６ｍを誇り、小笠原諸島の最高峰となっている。過去に人間が住んだことはなく、山頂を含む調査はこれまでに3回しか行われていない。

その理由は二つある。一つ目は、環境省より原生自然環境保全地域に指定され立ち入りが厳しく制限されていること。二つ目は、島が断崖絶壁に囲まれていて、およそ登れる気がしないことにある。最初の調査は１９３６年、２度目の調査は１９８２年に行われた。そして3度目となる２００７年、私も南硫黄島に挑んだ。

この島は、入植の対象にすらならないような人を寄せ付けぬ絶海の孤島であるため、原生状態の生態系が保たれている。日本国内に、そんな場所は極めて稀有である。特に陸続きの場所では、人間の影響を排除することは難しい。豊かな自然があればあるほど、人はそこに入り込み資源として利用してしまう。人類はそうやって繁栄してきたのだ。人間が直接手を下さずとも、人間が持ち込んだ動植物が分布を広げ文明の手先として隅々まではびこることも珍しくない。このため、国内に純粋無垢な原生状態を維持する生態系はほとんど残っていない。南硫黄島は、そんな日本に残された貴重な原生自然なのである。野外研究者としてこれほどテンションの上がる場所はない。

知人者智　自知者明

南硫黄島は、断崖絶壁に囲まれている。場所によっては高さ200mもの崖が行く手を阻み、進撃の巨人が躊躇してトボトボ帰る姿が風物詩となっている。しかし、島の南部に1ヶ所だけ、崖の合間に谷が下りている場所がある。これが、この島を登る唯一の経路であり、過去の調査でも使われたルートだ。他の場所に比べると、確かにここなら登れそうな気がしてくる。

しかしそれは勘違いだ。アプローチしやすそうに見えるその部分ですら、スタートは約10mの垂壁である。ピッコロ大魔王に換算すると4人分の高さ、世界を征服して余りある絶壁である。200mだろうが10mだろうが、登れないという点で意味は同じだ。

また、たとえ入口をクリアしても、島の半径が約1km、標高も約1kmなので、平均傾斜は45度である。宅地造成等規制法では30度を超えたら崖と呼び、スキーのジャンプ台でも40度以下だ。軟弱研究者などお呼びでない。調査には綿密な準備と心構えが必要である。

ピッコロに立ち向かう前にも障壁がある。まず有人島の父島から３００km以上の海を越えなくてはならない。小型の船で島に近づくのだが、問題は最後の１００ｍだ。南硫黄島には桟橋も波穏やかな入江もなく直接の着岸はできないため、泳いで上陸することになる。

海の穏やかな6月とはいえ、ベタ凪が続くわけではない。大岩が転がる浅瀬で波が牙をむけば、人類は藻屑に格下げされる。台風が発生すれば、荒波の中を撤収しなくてはならない。安全な調査のためには、自分の身を守れるだけの泳力が必要とされる。プールで泳ぎ詰め、いつしかキック一つで海中からゴムボートに飛び上れるようになる。

次の敵は、いよいよピッコロ4人衆だ。付け焼き刃の修行ではかめはめ波は少ししか出なかったので、調査前年からクライミングジムに通い始める。腰にハーネス、指にチョーク、15mの人工壁にただひたすらに挑む。ジムに通う猛者どもは、みんなキリッとスタローンみたいな顔つきになる。約半年の訓練で自信がつき、私もつられてスタローン顔になる。手がどこまで届くのか、その体勢から体が持ち上がるのか、自分の性能と限界を知ることが、安全確保のための不可欠な条件である。

テクニックだけではない。基礎体力の向上も必要である。自宅から職場まで10㎞弱。自転車では生ぬるくて訓練にならないので、調査の約3ヶ月前にはジョギング通勤に変更した。自分の足で長距離を走るなんて、高校生以来である。初日は、仕事の効率が落ち込むほど疲労困憊したが、夕方までには回復し、また意気揚々と走って家路につく。気分はフォレスト・ガンプだ。しかし、道半ばにしてトム・ハンクスの膝が痛み始める……。

イタイ、ごめん、迎えに来て……。

計画は初日にして中止を余儀なくされた。訓練が祟って本番前に故障など、笑止千万。自分の性能とその限界に対する無知にびっくりした。

だいたい、半年やそこらの訓練で自身が知れるのなら、デルフォイの神託も老子も歴史に名を残すことはない。ひ弱な研究者に無理は禁物である。とにかく過剰な自信は持たず、ひたすら謙虚に努めなくてはならない。

結局のところ、上陸にはダイバーが、ルート工作にはアルピニストが、それぞれサポートにつくことになった。無理せずその道のプロに頼る、これが正解である。研究者は研究のことだけを考えておけば良いのだ。

宇宙の海はおれの海

体の準備と並行して、物資の準備も着々と進められていく。なによりもまず十分な予算が必要である。飲み水もない無人島で、総勢23名の調査隊が13日の行程をこなす。調査機材、食料、保険、船のチャーター、すべての準備に資金がかかる。この時の調査は、東京都の予算と首都大学東京が申請した文部科学省の科学研究費によって行われた。具体的な金額は内緒だが、うまい棒でビルが建つくらいの予算が必要だったことは確かだ。

調査は研究者だけで行えるものではない。予算の獲得や調査の準備を担う裏方がいてこそ可能となる。我々が偉そうな顔をして自慢げに成果を吹聴できるのも、表に出ないスタッフらのおかげである。いつも多方面から我々をサポートしてくれる多くの協力者に、この場を借りて心の底から感謝の意を表しておきたい。

第一段階である資金調達ができれば、いよいよ調査そのものの準備に入る。ここで問題となるのが、南硫黄島に持ち込む物資の状態である。この調査で最も重要視されたのは、外来種の管理である。外来種が侵入先の在来生態系に対して重大な影響を与えることは、改めて説明する必要もないだろう。

シュワルツェネッガーを窮地に陥れたプレデター、友達友達と連呼しながら殺戮を繰り返す火星人、オールスパークを狙うディセプティコン。外来種問題学習用の啓蒙映画は多数あるので、詳細についてはツタヤあたりで学んでほしい。なにしろ、生態系保全を使命とする生態学者が、調査のために外来生物を連れていくわけにはいかない。原生自然が守られてきた南硫黄島では、特に厳重な対策が必要となる。

外来生物は調査器具の様々な場所に潜んでいる。ウェストポーチの隅、靴の裏、マジックテープの隙間、フィールドワークを常とする研究者の道具は、外来生物の宝庫でもある。このため、南硫黄島の調査には原則として新品の道具を使用することとなった。リュックや靴、服、派手目のトランクスを始め、テントなどのキャンプ道具、捕獲や計測などに使う調査器具、ロープやハーネス、ありとあらゆる道具を新調する。新品を買い直すことが難しい特殊な道具は、冷凍庫で凍らせ、アルコールで拭き、掃除機で吸い、お祈りをし、可能な限りの対策を施した。

せっかく浄化した道具も、荷造りで生物が混入したら元も子もない。次は、清浄化した準備室、すなわちクリーンルームの設置である。会議室の窓を閉め切り、目張りをして、バルサンを焚く。エアコンも使えない高気密サウナ室が完成する。靴を脱ぎ体を清めてクリーンルームに入り、汗をかきかきお互いの荷物を審査しあう。

泳ぎでの上陸という制約のため、調査器具は一人20kgに制限されている。厳選した荷物は、海に浮かべられるよう発泡スチロールの箱や防水バッグに封印する。海を経ることには、物資の表面の外来種除去効果もある。

最後は我々自身の清浄化だ。出発の1週間前から、調査隊員は種子のある果実を禁じられる。6月は小笠原の特産品であるパッションフルーツの最盛期だ。しかし、種子が消化管をすり抜けて散布される可能性は否定できない。携帯用トイレも持参するが、リスクは最小限に抑えなくてはならない。人知れず果実絶ちの修行に入り、腹いせに亀田製菓の柿の種を貪る。

新品のブルーシートを敷いたトラックに荷物を載せ、害虫駆除を施した船に積み込む。荷物の総重量は1・5tを超え、チロルチョコなら毎日2個食べても完食に約200年かかる重さに愕然とする。

のび太が「ぐうたら感謝の日」を制定した6月だというのに、我々は額に汗して準備を仕上げる。救急救命講習を受け、いつの間にか死亡時5千万円の生命保険をかけられる。「梅雨から脱して南の島なんて素敵♡」そんな幻想を吹き飛ばす男だらけの2週間のため、1年にわたって準備が進められた。科学者にも神頼みは欠かせない。父島の港を見下ろす大神山神社に参拝し、神主の祝詞が準備の終了を告げる。

研究に努力賞はない。いかに準備が綿密でも、結果を伴わなければ意味をなさない。不安と期待を交錯させ、ルージュの伝言を口ずさみながら、我々の船は南硫黄島に向け舵(かじ)を切ったのである。

2 南硫黄島・死闘登頂編

カフェ・パラ

その店の名はカフェ・パラディッソ。傷ついた男たちが集う場所。頑（かたく）なにサングラスを外さない色黒の男。鋭い眼光で周囲を見やる小柄な男。その視線の先の簡素な装（よそお）いの男。彼らは無言で傷を癒（いや）し、石造りの入口から姿を消す。

本当の名はベースキャンプ。ここは絶海の無人島、南硫黄島の海岸である。ロビン

ソン・クルーソーごっこに飽きたので、喫茶店ごっこの最中である。お奨めはウイダーｉｎゼリーのカロリーメイト添え、海原雄山の怒りを買いそうな実用最優先メニューだ。

むむっ、よく見るとカロリーメイトじゃなくてカロリーエイドだ。前者は1箱400kcalなのに、後者は300kcalしかない。道理で安いわけである。予算をケチって摑まされたようだな。

稀有な原生自然を維持する南硫黄島に、25年ぶりの自然環境調査隊がやって来たのだ。動物学者、植物学者、地質学者など23名が13日間の調査に取り組む。

過酷な調査でベースキャンプが果たす役割は大きい。通信の要であり、緊急時の避難先であり、宿泊と休息の場となる。しかし、島の周囲は崖に囲まれており、キャンプ可能な海岸はわずかに幅十数ｍ、琵琶湖を取り巻く滋賀県の陸地ぐらいの存在感しかない。

ゲジ眉のスナイパーは背後を取られると殴る悪癖がある。後ろの気配を本能的に嫌うのは、捕食者への警戒心が強い個体が生き残る進化の歴史の証拠である。壁に寄り添うと安心感があるのはこのためだ。しかし、この島で崖に寄り添ってはいけない。そこは落石の温床である。

とはいえ、ここには崖下以外の場所がないのでしょうがない。誰しも、乱闘で崖下に落ち一命を取り留め野営しながら復讐を誓い、いずれ囚われの美女と恋に落ちる機会もあろう。その時に備えて正しい崖の選び方を伝授しよう。崖下では、上を見ずに足元を見てほしい。落ちている石が丸ければ安全だ。角張った石は新鮮な落石の証拠、危険性が高いのだ。

こうして安全地帯を選んでも、残念ながら落石はゼロではない。毎晩コブシ大の石が降ってくるため、寝るときもヘルメットが手放せない。だからといって海岸に寄ると、潮が満ちてきて人魚が足を引っ張る。落石と人魚の板挟みになりながら、狭い海岸を行ったり来たりする。絶妙な寝相で落石の致命傷を避ける術を猛スピードで修得しながら、調査の日々が始まる。

雨に唄えば

島での第一のミッションは、生物相の解明だ。まずマッドマックスに出てきそうな屈強なルート工作班が、山頂までの経路を確保する。アポロチョコ形の島の、崖に等しい急斜面にロープが設置され、軟弱研究者を山頂に誘う。

ガラガラ崩れる斜面を登ると、標高４００ｍから低木林となる。その足元にはモグラ叩(たた)きのような虚(うつ)ろな穴が多数あいている。トンネル状に掘られたシロハラミズナギドリの巣穴だ。トンネルの天井の耐荷重は、体重２００gのミズナギドリまでだ。しかし、今日の客はマッドマックス達である。気を付けていても、巣穴を踏み抜いてしまう。

野外調査で自然への影響をゼロにするのは不可能だ。そこにいるだけで地上を踏み荒し、植物を傷つけ、ツチノコが絶滅する。可能な限りの配慮はするが、配慮しすぎて調査が進まなくては本末転倒だ。自然破壊をする以上、最大限の成果を得るのが礼儀である。心の中で謝罪を唱えつつ、一歩ごとに新たな業(ごう)を背負いながら、我々は前に進む。

そしてついに標高９１６mの山頂、小笠原諸島の最高峰に達する。薄さ自慢のiPhone6なら13万台分の高さである。ここからの写メはさぞや絶景だろうと思いきや、山頂は濃霧に包まれ電波も届いていなかった。残念ながら、海の真ん中にはアンテナはなく、高標高地では雲がかかりやすい。そのおかげで湿度が高く、雲霧林(うんむりん)と呼ばれる湿った森林が形成される。河川の存在しない島の生態系を支えるのは、この雲霧からの水分である。

霧の中に点々と鳥の死体が落ちている。日常生活では、鳥の死体は反物質と対消滅してしまうため目にする機会は少ないが、南硫黄島には反物質がないので消滅しない。それどころか、ネズミやカラスなど死体を食べる脊椎動物もおらず、死体はゆっくり分解される。よく見ると、蔓や枝にも死体が引っかかっている。生体よりも死体が好きな私には、天国のような地獄絵図である。多産される死体は豊かな自然の証拠だ。結構結構。

山頂で日暮れを待ち、夜になると調査開始である。ヘッドランプをつけて深呼吸をし、鬨の声を上げる。

……うっ、おぇっ！

突如わき上がったのは、口内の不快感と嘔吐の声だった。ランプに集まる無数の小バエが、呼吸とともに口と鼻から侵入してくる。このまま電送機にかけられたら、恐怖のハエ男も夢じゃない。死体天国は、分解者たるハエ天国でもあったのだ。豊かな死体に支えられた豊満なハエどもが、息のたびに肺腑に達する。

もちろん息と共にハエも吐くが、不思議なことに入ったハエより出て行く数の方が少ない。呼吸のたびに、ハエ10匹分ほど体重が増えて中年太りが気になるし、何よりキモチワルイ。原生の自然が美しいなんていうのは、都会派の妄想に過ぎない。現実の自然は死体にまみれ、口にハエがあふれ、心の中に悪態が湧き、心身共にダークサイドに堕ちていく。だからといって呼吸をやめると、私自身が死体天国の仲間入りだ。よく考えろ、私。何か解決策があるはずだ。

呼吸はやめられないから、発想を変えるしかない。ここのハエは、鳥の死体を食べて育っている。体の素材は鳥肉１００％。そうか、口に入っているのはハエの形をした鳥肉だ。それなら我慢できる。

うまく自分を騙せた私は、涅槃の心で調査を再開する。次の瞬間、黒い鳥がランプめがけて飛び込んできた。これこそ今回のメインターゲット、クロウミツバメである。

この鳥は、南硫黄島の山頂部を世界唯一の繁殖地とする海鳥だ。真言密教の総本山たる高野山奥の院よりさらに高い山で繁殖する、たいした海鳥である。彼らは夜になると海から陸に戻り、空から雨のように降ってくるのだ。そして光に誘われ、私に次々とぶつかってくる。死体天国は、闇の中で生者の楽園に変わる。いまだ呼吸のたびにハエとの同化が進むが、この繁殖地の現状を確認することこそ、重要な使命であった。

クロウミツバメの雨には、セグロミズナギドリという別の海鳥も混じっていた。この調査時点での既知の現存繁殖地は東島という小島のみであり、第二の繁殖地の発見となった。この島では、海岸から山頂まで全域で海鳥が繁殖する。その営巣数はおそらく数十万に達しよう。海鳥に包まれた島こそが、小笠原の原生のあるべき姿なのだ。保全において目指すべき真の姿を目に焼き付けることができた。

そのまま海鳥を浴びていたかったが、翌日に備えて休息も必要である。今夜は山頂で幕営だ。寝る前に別働隊とミーティングしながらクールダウンする。

……妻が子供連れてっちゃって裁判中でさ……あっ俺もバツイチ……そうか、俺もだよ……いろいろ考えると眠れなくて、もう3日も寝てないよ……。

調査隊の抱える闇は、夜闇より深い。南硫黄島の夜は、まだ始まったばかりだ。

白玉楼中の鳥

もう一つのミッションは標本採集である。生物相調査において、そこにその生物がいたという確実な証拠は不可欠だ。カッパだってミイラが残っているからこそ、その存在が担保されている。胃内容物や内部寄生虫、骨の形態など、生体からアクセスできない知見が保証され、後世の誰もが対象を検証可能となる。標本から後に新種が見つかることもあり、その価値は高い。

標本採集とは、鳥を殺すということだ。これには賛否もあるだろう。実際、わざわざ殺して標本を作る機会は減っており、近年は自然死亡個体を使う場合が多い。しかし、滅多に調査できない無人島では、積極的に捕殺しなくては標本を得られない。ここでもまた一つ業を背負う。

　捕獲した鳥を薬品で安楽死させる。無人島に冷凍庫用のコンセントはないので、その場で防腐処理を進める。メスで胸を最小限に切り開き、筋肉や内臓など腐りやすい部位を取り除く。取り出した内臓はアルコール保存して持ち帰る。体内に塩を詰め、さらに標本自体を塩の中に埋めれば長期保存可能だ。邪気祓いに有効な成分でお清めができ、ついでに殺菌力で腐敗が抑えられる。

　血の付いた手を洗うべく海水に指をひたす。次の瞬間、水中の石の隙間からエイリアンの口吻が飛び出してくる。鳥を殺した報復かと思ったが、そうではない。気味の悪い小型ウツボが血の臭いに反応したのだ。紙一重で避けると、一瞬前まで指のあった場所で数匹が絡みのたうつ。一見平和な自然の情景も突然牙をむく。女医さんもお色気ナースもいない無人島では、小さな怪我も油断できない。この島では、生も死も常に間近にあるのだ。

　調査も終盤にさしかかると、油断と疲れが溜まってくる。山頂と違って水も日陰もない海岸は、午前８時には熱々に焼けつく灼熱地獄になる。無防備に日陰から出ると、日射しに焼かれて２秒ほどで蒸発して後には何も残らない。カフェ・パラは、調査隊の休息のため開店した。休暇中の南硫黄島民は、カフェ・パラの日除けの下に集うのだ。

常連の色黒調査隊長は、昼も夜もサングラスだ。海辺に用足しに行き大波をかぶり、波間に潜む人魚にメガネを献上したのだ。予備のメガネはサングラスしかなく、夜は暗い暗いと嘆いている。彼は植物学者だが、ヤシガニを見つけてテンションが上がり、実は動物学者になりたかったと無用なカミングアウトを始める。

その隣では、小柄なカタツムリ研究者が海に鋭い視線を向けている。新種4種と引き替えに、やはり大事なメガネを山の神に奉納したため、眼を細めないとよく見えないらしい。視線の先の波打ち際では、水棲動物学者が記録映像を撮っている。落石対策のヘルメットを着用しているのは立派だが、首から下はトランクス1枚だ。彼は一体何を守っているのだろう。

それぞれのドラマを胸に、調査期間が終わりを告げる。帰りの荷物を減らすため、そろそろカフェ・パラも閉店セールだ。予備の食料を無駄に食べ、少し太りながら島を後にする。

持ち帰ったサンプルを分析している頃、南硫黄島の映像がテレビで放映された。調査には映像記録班が同行していたのだ。そして吃驚仰天した。なんと、画面に映った南硫黄島は非常に美しかったのだ。これは私の知る島じゃない。足元の死屍累々(ししるいるい)、未(いま)だ口内に感触の蘇(よみがえ)るハエ呼吸、波打ち際にのたうつ地球外生命体こそが、あの島の真実である。

騙されちゃいけない。美しいだけの自然なんてない。テレビの風景は嘘ではないが、真実の一部でしかない。裏切りのない不二子ちゃんなぞ魅力は半減だ。美とは、毒に支えられてこそ真の魅力を発するものと心得てほしい。

第三章 鳥類学者は、偏愛する

Ⅰ　筋が通れば因果は引っ込む

ウグイス（左右とも）

風になれ

朝靄（あさもや）の中、エンジンに火を入れる。マシンが狂った朝の光にも似た咆哮（ほうこう）をあげる。日常のしがらみから解放され、ほどよい緊張感が心身にみなぎる。

私がバイクに乗るのには相応の理由がある。それは、鳥類学者だからだ。

鳥類がバイクのシンボルであることは疑うべくもない。ホンダ、ハーレー、モト・

グッツィ、バイクのロゴにはしばしば鳥の翼がはためいている。これは、バイク業界から鳥類学への熱いラブコールである。つれない態度をとるのはいかにも大人気(おとなげ)ない。紳士な私は、鳥類学の名誉のためにも、彼らへの返礼として謹んでバイクに跨(またが)るのである。

バイク業界が鳥を旗印に掲げるのも、鳥類学者がバイクに乗るのも、無理からぬことだ。なにしろ、バイクと鳥には多くの共通点がある。色彩の豊かさや高い機動性もさることながら、最大の共通点はともに二足歩行することだ。バイクに歩行というのも若干の違和感があるが、要するに接地点が2ヶ所であると解釈してもらえれば結構である。人間以外で二足歩行という特殊な運動を日常的に行うのは、鳥とバイクぐらいのものだ。

私の知る限り、動物は足が多いほど不快性が増し、少ないほど美しい。ムカデは100本、クモは8本、ゴキブリは6本、ドブネズミは4本、鳥類と美の女神アフロディーテは2本。どう考えても鳥類と女神が美しい。もちろん、バイクが四輪車やダンプカーよりカッコ良いことは言うまでもない。そうでなければ、スティーブ・マックイーンもトム・クルーズもミッションの遂行にバイクを使ったりしない。

さて、若干の偏見を嗅(か)ぎ取った洞察の鋭い方もいるかもしれないが、鳥とバイクが、二足歩行と見目麗しさという共通点を持つことはご理解いただけたはずだ。実はこの２点には強い関係性がある。それは、機能美という言葉に集約される。

鳥が空を飛ぶためには軽量化が不可欠だ。ネコもカラスも似たようなサイズに見えるかもしれないが、前者は約４kg、後者は６００gだ。バイクは二輪で支えられる限定的な空間しか持たない。同じ１０００ccでも、自動車なら約１t、バイクなら２００kgだ。鳥もバイクも軽量化されたコンパクトなボディに、運動に必要な装備を詰め込んである。

省スペースに高機能という挑戦的な目標を達成するには、必要な器官を厳選し、無理して各部を削りに削らねばならない。その結果、個々の種・モデルは多機能性より専門性を際立たせる。長距離飛翔に特化したもの、水上利用に重点をおくもの、高速道路を得意とするもの、オフロードを極めたもの。単機能のシンプルさがルックスを向上させる。

贅肉をそぎ落とし洗練された形態に満ちる機能美。これこそが、彼らの最大の共通点なのである。

骨まで愛して

私は骨格標本を集めている。変態だからではない。鳥類学者だからだ。無駄のない鳥の形態は美しい。中でも、骨格系ほど機能美を具現化している部位はない。鳥の最大の特徴である飛翔を支えるのは翼だが、その翼を支えるのは骨格である。

翼の制御には、筋肉の作用を支持する骨格が不可欠である。マッチョなターミネーターも、沼地や溶鉱炉内など足場の悪い場所では何も支えられない。ウェルズ型火星人ですら、タコ足の中には骨が隠されているはずである。

筋肉が発生させる負荷に耐えるため、骨格には強度と柔軟性が必要だ。上腕骨は中空になり軽く、しなやかで色気のあるカーブを描く。手足の末端では、複数の骨が癒合して数を減らし、軽量化と剛性化を両立させている。軽量化された骨格には無駄がなく、進化の妙があふれる。

脊椎（せきつい）動物は、骨格とこれを覆（おお）う軟部組織でできている。軟部組織は移ろいゆく存在である。その形状は食物摂取量に左右され、筋肉も脂肪も増減する。羽毛は紫外線や摩擦ですり減り、毎年生え換わる仮初めの移ろいである。死んでしまえば朽ちてゆく。実に儚（はかな）い。

これに対して骨格は頑健な存在である。一度成長すれば、その形態は安定している。

軟部組織が朽ち果てても、時には1億年を超えてその形状を維持する。これを賞賛せずしてどの部位を讃(たた)えようか。

にもかかわらず残念なことがある。日本の研究機関に収蔵される鳥類の標本は、そのほとんどが仮剥製(はくせい)なのだ。仮剥製とは、剥製と同じく羽毛をまとった標本で、シャキッと気をつけの姿勢をした状態のものだ。私の職場でも仮剥製は1万点ほど所蔵するが、骨格は部分的なものが数百点あるに過ぎなかった。羽毛の美しさは確かに鳥の特徴だが、内面の美しさが大切だと道徳の教科書に書いてある。これは由々しき事態だ。

外見至上主義による道徳崩壊の危機を察知した私は、鳥類の骨格標本を収集する決心をした。

美女に恋するのに理由が不要なのと同じく、標本収集に瑣末(さまつ)な目的はいらない。むしろ、無目的・無制限に収集することにこそ目的があり、多数が所蔵されることで価値が生まれるのだ。

人間にも鳥にも個体差があるため、少数の標本ではそれが典型的かどうかはわからない。金星人が人間の標本を採集するにあたり、偶然にもハンニバル・レクターとジェイソン・ボーヒーズを捕獲してしまったら、つまらぬ誤解を生み銀河連邦警察がギャバンを送り込んでくることになるだろう。しかし、1000個体ばかり捕獲すれば、一般的な地球人の特徴が理解できて誤解も解けるはずだ。

同様に、バルタン星人やM78星雲人など、各星人の標本を多数収集すれば、種族による違いが明らかになる。こうして多様な標本を採集しておけば一安心である。万が一、桃や竹の中から人型動物が発見された場合にも、精密な計測により種族を特定できる。

標本とは、生物学における辞書である。辞書は、網羅的に語彙が羅列されているからこそ意味がある。もし辞書にウルトラ怪獣しか載っていなければほぼほぼ役に立たない。もちろん、個々に価値ある標本もあるが、網羅性こそが標本収集の真骨頂と言えよう。中には一度も利用されずに標本箱に安置されたまま永遠の時を過ごす標本もあるが、それがそこにあることが大切なのだ。

十分にそろった骨格標本は便利な道具となる。先に述べた通り、鳥類の骨格は無駄が削ぎ落とされて必要な最小限の形態を残している。このため、それぞれの種の特徴が各部位の形態に顕著に現れる。

長距離を滑翔するアホウドリ、猛スピードで飛ぶハヤブサ、藪の中に遊ぶウグイス。同じ鳥でも、飛び方には月とスッポンほどの違いがあり、翼の骨の形態差に反映される。地上利用の違いは脚の骨に、食物の取り方は顎骨（がっこつ）に違いを生じる。行動や系統による形態差は、種の判別を可能とする。

タカの食痕（しょっこん）に含まれる骨から食事のメニューを解き明かし、保全すべき採食場所を決定する。遺跡出土の骨から、古代人の狩猟生活を解明する。骨格の形態比較が、進化の道筋を照らす。骨格標本は極めて有能なツールなのである。

なお、月の直径は約3500㎞、ニホンスッポンは大型でも直径40㎝。その差約900万倍は、ちょっと言い過ぎたかもしれない。ここは謙虚に訂正し、月とガニメデぐらいの違いとしておこう。

さて、標本収集といっても、木に骨格が結実しているわけではない。死体を入手し、骨格を取り出さなくてはならない。まずは、鉄道の線路に沿って3人の友人と一緒に鳥の死体を探しに行くが、なかなか見つからない。

自然界では、毎日多くの死体が生産されているが、そのほとんどは瞬（また）く間に消失してしまうのだ。キツネがツグミを襲えば死体が生じるが、次の瞬間には胃の中だ。衰弱や事故で死んだ鳥も、タヌキやカラスが素早く見つけるだろう。生態系の中では、死体は無用な廃棄物ではなく、重要な資源なのである。

人間が出会う死体はごくわずかだ。このため、死体の収集には多くの友人が協力してくれている。この場を借りてお礼を申し上げたい。

死体が手に入れば、いよいよ研究室内制手工業で標本を作り上げていく。最初に寄生虫を殺すため一度冷凍する。死因を推定し、外部形態を計測する。羽毛や内臓は別途に保存し、筋肉の一部はＤＮＡ分析のためにとっておこう。

ＤＮＡ分析には、マッチ棒の先ぐらいの試料があれば十分だ。ふむ、ふくよかな筋肉が余ったな。疑いない事故死なら、よく焼けば危険性はあるまい。捨てるよりも供養になり廃棄物を減らすエコな方法もあるかもしれないな。

ふむふむ、ここから先は内緒だ。

骨にまとわりつく筋肉や腱の除去には、タンパク質分解酵素を用いる。私は、食品添加物として市販されている酵素を利用している。安物の硬い肉でもあら不思議、１グレード上の柔らかい肉に変身させる優れものだ。軟部組織が除去された骨をエタノールで脱脂し、過酸化水素水で漂白すればできあがりだ。

パナソニックあたりから全自動標本作製器が市販されないものかと待っている間に、数千個体の標本が得られた。日本の土壌は酸性であるため、いかに硬い骨とはいえ自然下に放置されたままではいずれ分解されてしまう。しかし、私の手元に来た幸せ者たちは、その美しい形態を半永久的にとどめることができる。骨の精たちは自然科学に貢献できる喜びに満ち、あどけない微笑みを浮かべ、標本庫にその身を献げるのだ。日常の雑務の合間に、標本室の椅子に深々と収まって骨の精と戯れる時間は、私の小さな安息の時である。

目的は結果についてくる

そろそろ正直に言おう。バイクと骨格標本を愛する理由をクドクドと書いたが、これらの理由はいずれも後付けである。

理系研究者の悪い癖だ。全ての行動にもっともらしい理由をつけたくなるのだ。理由がないと不安になり、ストレスが高じて軽犯罪に手を染めそうになる。社会の秩序を守るためにも、行動には論理的な理由が必要なのである。

バイクに乗るのは単にバイクが好きなだけだ。だって、かっちょいいんだもの。骨格標本を集めるのはスタンプラリーと変わらない。ほら、コンプリートすると嬉しいじゃないですか。しかし、そんな感情的な理由だけでは不満で不安で不機嫌である。そこで、自分の行動に正当な理由を構築し、ほっとするのである。

だからといって、この行為は悪でも不誠実でもない。

鳥類学者としての私の仕事は、自然界に埋もれた真理を見つけることだ。それは、未知の事象との出会いである。まだ説明のない事実と向かい合い、要因を推定しメカニズムを解釈することこそ、自然科学者の責務である。つまり私の後付け行為は、まさに科学者としての振る舞いなのだ。対象が自然界にあるか自己の内面にあるかの違いだけだ。

おっと、後付けで理由を考えることについて、後付けで理由を考えてしまった。やはり理系の悪い癖だ。なぜそんなことをしてしまうかにも、もちろん理由がある。それはだな……。

2 それを食べてはいけません

ヤギが先か、クマネズミが先か

ヤギさんからの贈り物

アパレル業界は、国民のニーズをわかっていない。UVカットのシャツなんて必要ない。

野外生態学者の夏は、日焼けの悩みとともに始まる。私の調査地の一つは炎天下の草原だ。熱心に働くほど日焼けしてしまう。もちろん美白を目指して悩んでいるわけではなく、ワイルドに日焼けしてモテることにやぶさかではない。問題は、腕と顔だけ黒くなり腹は真っ白なままであることだ。そう、いわゆるドカタ焼けである。

　夏は海の季節だ。しかし、体にTシャツの刻印を刻んだままの水着姿はあまりに貧相で、一夏のアバンチュールは夢のまた夢である。ユニクロやしまむらも庶民の味方ならば、着たままでムラなく日焼けができるUVスルーシャツを作るべきだ。同じ悩みを持つ同志たちに即日完売することを保証しよう。

　しかし、残念ながら東レの怠慢によりいまだ新素材の開発に成功していない。月読(ツクヨミ)に到達した人類の科学力も、天照(アマテラス)の力にはかなわないようだ。しょうがないので調査の合間にこまめに上裸になり、この苦境を乗り切ることにした。石を穿(うが)つ点滴は、いずれは大河の奔流をなす。地道な基礎研究の真髄に通ずる研究者の鑑(かがみ)と言えよう。

　共同研究者の冷ややかな視線に耐え、バラ色のビーチに向けて歯をくいしばりTシャツを脱ぐ。笑いたくば笑うが良い。いずれ貴様らの半端(はんぱ)な日焼けを見下し、ワイルドな日焼けをまとって凱旋(がいせん)してくれるわ。

　そもそも私は灼熱(しゃくねつ)地獄にいるべき人間ではないのだ。私は「森林」総合研究所の研究員である。森林内は夏でも涼しく、フィトンチッドでリラックス、小鳥のさえずりに耳を澄まし、森ガールと戯れることこそが本望である。そんな私が灼熱の草原にいるのは、そこがもともとは森林だったからだ。

ここは聟島（むこじま）列島の媒島（なこうどじま）である。婿島列島の仲人島ではない理由は、小笠原七不思議の一つだ。明治時代の文献によると、当時のこの島は森林に覆われていたとされているが、現在は草原に覆われている。このような島になったのは、外来種のヤギの影響である。

小笠原諸島は、捕鯨基地として1830年から欧米人やカナカ人による入植が開始された。捕鯨基地の役割は水や食料を船に補給することである。島で肉を生産するには、ヤギの放牧が手っ取り早い。草葉はもちろん木の皮まではがして食べ、どんな急な岩場も身軽に駆け巡り、ランボー顔負けのサバイバル生活を行う。その能力は世界中の船乗りから愛され、小笠原でも積極的に放牧されたのだ。黒船じるしのペリー航海記によると、彼自身も1853年に小笠原来訪の折にヤギを放したことが記録されている。

小笠原は1876年に日本の領有が宣言され、日本人の入植が始まる。日本統治下でもヤギの放牧は続けられ、無人島を含む17の島で野生化した。旺盛（おうせい）な生存能力を誇るヤギが食べていたのは、友ヤギからもらった手紙ではない。固有植物を含む植生を容赦なく食べ、森林は草原化し、草原は裸地化していった。

海で隔離された小笠原には、植物食の地上性哺乳類は自然分布していない。植食者が多い地域で進化した植物は、毒やトゲ、凄まじい再生能力など、なんらかの防御能力を備えていく。そうでないものは、速やかに絶滅してしまうからだ。歩くわ叫ぶわのマンドラゴラなぞは、防御進化のエリートである。しかし、植食者不在で進化した島の植物たちはあまりに無防備で、右の枝を食べられれば左の枝を差し出してしまい、次々に絶滅の淵に追いやられていく。

森林がなくなれば、そこに住む鳥や昆虫などもいなくなる。植生がなくなれば、土壌は海に流出しサンゴが埋まり死滅する。土壌を失った大地は岩盤をさらけ出し、植物が定着する基盤を失う。長い時間をかけて築かれた生態系は、数百万年の後退を余儀なくされる。

有人島では経済的な被害もある。農作物が食害され、柵が壊され、庭の花が荒らされる。内地では草刈りの代わりに緑地に放たれ、なんだかエコだねとチヤホヤされるのを良いことにOLにすりよっているらしいが、残念ながら島では看過できないインパクトを生じているのだ。

時代と共に価値観が変わり、船乗りに愛されたヤギたちは生態系に仇なす存在となった。もちろん、ヤギ自身に非があるわけではない。彼らは人間の都合でチヤホヤされ、人間の都合で手のひらを返されただけである。しかし、そのままでは島のユニークな生態系と、それを育んだ数百万年の進化の歴史を失うことになる。ハイジとペーターには気の毒だが、小笠原では1970年ごろからヤギ駆除が実施されることになった。

生態系保全といえば聞こえは良いが、現実は大型哺乳動物を殺す行為である。これに抵抗を持つ人もいるだろう。実際のところ、駆除事業に対して厳しい意見が寄せられたこともある。しかし、放置するのは容易いが、目の前で進化の歴史性が失われていくのを見過ごすことはできない。何もしないことは現状維持にはならないのだ。研究者は殺しを推奨し、担当者は文字通り血と汗にまみれる。環境保全という綺麗な言葉の裏にある泥臭い現実を忘れてはならない。

ヤギが吹けばネズミが儲かる

数千頭を数えるヤギを駆除するのは、容易なことではない。しかし、努力の甲斐あり、現在では小笠原の全ての無人島からその姿を消し、有人の父島に残るのみとなっている。

ヤギがいなくなった島では、植物に回復の兆しが見られるようになった。当然と言えば当然の結果だ。ドラえもんを駆除すれば巷にどら焼きが溢れ、ハクション大魔王を駆除すればハンバーグが次世代まで繁栄する。ヤギ帝国では姿が見られなかったオオバシマムラサキやオオハマギキョウなどの固有植物が島のあちこちに姿を現す。時間はかかるかもしれないが、傷跡の修復が期待される。

効果は鳥類にも見られた。２００３年までにヤギが根絶された聟島列島では、クロアシアホウドリやカツオドリなど海鳥が増加を続け、他の列島まで繁殖地を拡大するほどになった。地上に巣を作る海鳥にとっては、所構わず歩き回るヤギの存在が大きな攪乱となっていたのだろう。

しかし、喜んでばかりもいられない現実が目の前に突きつけられた。ヤギの駆除が期待以上の効果を発揮してしまったのだ。それは、外来植物の激増である。

ヤギは在来植物ばかりを好む国粋主義者ではない。好き嫌いせず外来植物も食べる優等生だったのである。ヤギはパンドラの箱の鍵だったのだ。

オーストラリア原産のトクサバモクマオウや中南米原産のギンネムは、瞬く間に分布を拡大した。トクサバモクマオウは、ヤギがいなくなった草地にわずか10年ほどで森林を成立させる。この外来樹は、膨大な落葉を地面に敷き詰め、時には10㎝もの厚みの絨毯を形成する。在来植物の種子は毛足の長い絨毯に阻まれて地面に達することもできない。

ギンネムはマメ科の植物で、ミモシンという化学物質で他種の生育を妨げる。このような作用をアレロパシーと呼ぶ。おかげで一面ギンネムしか生えない不毛の林ができあがる。ミモシンには脱毛作用もあるので、ハゲたくないから食用にもできない。

他にもガジュマルやシマグワ、シマサルスベリなど、植食者から解放された様々な外来植物たちがパンドラの箱から溢れ出した。彼らの侵攻は在来植物の回復のスピードをはるかに凌駕し、今日も領土拡大に勤しんでいる。

ヤギの呪縛から解かれたのは、植物だけではないかもしれない。外来種のクマネズミも増加しているのではないかと疑われている。もちろん、ヤギがサラダと一緒にネズミを食べていたわけではない。柱時計の陰から真っ白なヒゲを血に染めた子ヤギが出てきたら、さしものオオカミも身の危険を感じてしまう。

植物が増加したことは、クマネズミにとって食物や生息場所の充実を意味する。競争者の思わぬ脱落により、ネズミたちは漁夫の利を得てしめしめと豊富な資源を手に入れた。そして、ヤギに代わって植物の種子を食べ、枝を切り落とし、樹皮を剝ぎ始めたのである。

現実的大科学実験

　では、ヤギを駆除したのは失敗だったのだろうか。もしもヤギを駆除しなかったら、在来の植物は姿を消し、荒廃した大地が残されるだけだったであろう。駆除自体はやはり不可欠な行為だった。

　反省するとしたら、分布拡大が予想される他の外来種を、ヤギ駆除の前に駆除しなかった点だ。そうしていれば、生態系への影響を最小限に封じ込めることができたかもしれない。

　外来種が複数いる場合は、他方から影響を受けている種を先に駆除するのがセオリーだ。食べる種と食べられる種がいれば、後者を先に駆除する方が効率が良い。料理のレシピでも保全事業でも、順番が大切なのである。角煮にコーラを入れると隠し味になるが、コーラに角煮を入れると嫌がらせにしかならないのと同じだ。いや、微妙に同じじゃないかもしれないが、とにかく順番が大切なのだ。

　しかし、これは言うほど簡単なことではない。なにしろ、ヤギが我が物顔で振舞っている時、その影響下にある外来植物はおとなしいのである。明らかに大きな問題を生じているヤギへの対処を先延ばしにして、まだ問題を起こしていない別の対象を叩(たた)

かねばならないのだ。しかも、そこにつぎ込むのは血税である。これを実現するには相当の根拠と覚悟が必要である。

私が日焼けで苦しむ媒島は、小笠原の中でヤギの影響が最も大きかった島である。ヤギ駆除から15年以上が経つが、裸地化した島からの土壌流出はまだ止まっておらず、外来植物も増加中だ。

それでもヤギ駆除をしたおかげで、島の中央にはわずかだが在来の森林が姿を留め、海鳥の繁殖分布も回復している。今必要なのは過去を悔いることではなく、駆除後の生態系の変化を詳細に記録し、未来を予測することだ。経験を生かせば、将来の駆除手法は覚悟をもって改善されていくはずだ。私がTシャツに悪態を吐きながら海鳥の分布を調査するのも、そのための礎である。

調査とともに男前上裸計画も順調に進み、そろそろたっぷりと日焼けしたはずだ。船で有人島に戻り、シャワーを浴びて鏡を見やる。そこには予想だにしない結果が牙をむいていた。

なんたることだ。日焼け境界線がヘソの上にある！

どうやら、重大な計算ミスをしたようだ。調査用ズボンは実用性重視で股上が深く、大事なおへそが雷様にとられないよう守ってくれていたのだ。しかし、海パンにはおへそを守る気配がない。この陸／海ギャップにより、日焼けと水着の間に無防備な白い腹巻きが出現してしまう。ドカタ焼けよりも遥（はる）かに恥ずかしいではないか！

　こうして、計画は腹部に絶対領域を刻む無残な結果を迎えた。

　何事も、やってみなくちゃわからない。私は大科学実験の真髄を嚙（か）み締め、失敗に学びながら夏にさよならを告げたのであった。

3 赤い頭の秘密

まずは友達から始めよう

小笠原諸島には「アカポッポ」という鳥がいる。これは2008年につけられた愛称で、本名はアカガシラカラスバトという。カラスなのかハトなのか混乱を招きがちな名前だが、その実態は漆黒の体と虹色に輝く頭を持つ美しいハトだ。

この鳥に愛称が与えられたのには理由がある。彼らは小笠原諸島にしかいないにも

アカガシラカラスバト（白黒バージョン）

かかわらず、島民にとって馴染(なじ)みが薄かったのである。説明的な本名では愛され上手にはなれないため、親しみやすい呼び名が与えられたのだ。

この鳥が親しみ薄かったのにも理由がある。個体数が少なく、ほとんどお目にかかれない存在だったのだ。２００２年の環境省レッドデータブックでは、総数30〜40羽とも書かれている。さすがにこれは過小評価と考えられるが、それでも１００羽内外だった可能性がある。会いに行けるアイドルならば十分な員数だが、彼らはなかなか会いに行けない幻の鳥だったのだ。

このままでは遠からず絶滅する。危機感と焦燥感は日を追う毎(ごと)に高まる。時に２００８年１月、事態を打開するため地元のＮＰＯが中心となり、この鳥の保全を進めるための国際ワークショップが開催された。

これは形ばかりのイベントではない。地元の島民、国内外の研究者、国・都・村の行政関係者、獣医や動物園スタッフ等々、合計１２０名が父島の体育館に一堂に会し、三日間にわたる缶詰生活でガチの議論を繰り広げたのだ。

「お客様」は皆無、全員が当事者意識を持つ合意形成バトルロワイヤルだ。主婦も役人も大学教授も対等な立場で直接意見をぶつける姿は、まさにフライパンの上のレバニラ炒(いた)めのごとしだ。

現状は、課題は、対策は、厳しい意見が飛び交い、議論が白熱する。私の役割は、議論を促すファシリテーターである。

行政的な会議では、結論の先送りは珍しくない。想定外の提案がなされても、その場で予算や体制の確保を約束できないため、持ち帰り検討するのも致し方ない。しかし、このワークショップで先延ばしは許されない。対策が提案されたら、その場で担当者が決められ、実行年限を切られ、責任を負わされるのだ。

若干恐ろしいシステムだが、絶滅寸前の生物を本気で救うには、そのくらいの覚悟が必要なのである。覚悟とは、暗闇の荒野に進むべき道を切り開くことである。もちろんそこには強制力もペナルティもない。存在するのは参加者の気概のみである。ヤレヤレだぜと溜息(ためいき)をつきながらも、崖(がけ)っぷちの局面を打開するため、着実な一歩を進めていくのだ。

各人の持つ情報が集約され、パソコンでシミュレーションモデルが回される。食物の不足、森林環境の悪化、運動不足、生態情報の欠如、中年太り、普及啓発の未熟、様々な問題点が浮き彫りになる。

侃々諤々(かんかんがくがく)の議論は時間外にまで及び、勢いはアルコール飲料と共に海岸の公園に持ち込まれる。立場は違えども、目指すゴールは皆同じ。垣根を越えた議論は白熱のうちに丑三(うしみ)つ時まで続いた。とはいえ、ワークショップは始まったばかりだ。そろそろ休まねば翌日の議論に響く。眼差(まなざ)しの奥底に燃える炎を宿したまま公園を後にする。と、突然の浮遊感の中、川向こうで祖母が手招きし、頭にランプを載せて走り去る白馬が視界の端をよぎる。

ほほう、これが走馬燈か。

「アゴから着地した瞬間、両耳から血が噴き出しました。確実に死んだと思いました」

後に同僚は証言する。

ベロンベロンに酔った私は、公園入口のチェーンに足をすくわれ、地母神ガイアにこの身を献げたのだ。すっかり酔いが醒(さ)めた左脳が、流血するなら献血にでも行くべきだったと右脳に語りかけ、私のアゴは10針の縫合という勲章をいただいた。ついでにおばあちゃんが存命だったことも思い出した。

流血とともにアルコールも流れ出たのか、二日酔いしなかったことは不幸中の幸いである。不名誉の負傷者が出ようともワークショップは止まらない。顎関節を痛めた私は口を開けずしゃべる術(すべ)を身につけ、公園の鎖は腹話術師養成チェーンと名付けられる。いまだ耳から流れる血液は鼓動のビートを刻み、議論は燃え尽きるほどヒートする。

数ある課題の中で参加者の総意として選ばれた最優先事項は、山域に生息するノネコの対策だった。

山には多くのネコがいる。もちろん人間が持ち込んだ外来生物だ。その捕食がハトの最大の脅威と見なされたのだ。ネコの飼い主も多数参加する中でこの合意形成がなされたことは、島の自然を守ろうとする島民の本気度を表している。

「酒は飲んでも飲まれるな」

壁に掲げられた金言に見守られながら、矢のような三日間が過ぎ去る。締めくくりは愛称の決定だ。見たこともない鳥を守るには、何よりまず対象への愛着を育てる必要がある。「アカポッポ」こそ、投票の結果選ばれた旗印だ。新たな愛称とそれぞれの責任を胸に、参加者は次のアクションへと歩を進め、私は診療所に一歩を踏み出す。

次は宿敵と手をつなごう

基礎的な生態の研究が進む。生息環境を改善する外来植物駆除事業が実施される。動物園では飼育技術が確立され、手作りコスチュームに身を包んだアカポッポマンが集落のあちこちに出没する。アゴの傷が癒えるに従い、着実にアクションプランが実施されていく。

もちろん最重要たるネコ対策も進められた。道なき森林の奥まで散らばるネコへの対処は容易ではない。また、たとえ山域での排除ができても、集落の飼いネコの管理が手薄ならそこから再生産が生じる。困難を乗り越え、里から山まで一斉の管理が必須である。

ネコ捕獲精鋭部隊が結成され、重い金属製のカゴ罠を担いで毎日山奥まで見回りをする。集落の飼いネコは獣医の協力により不妊去勢され、識別のためのマイクロチップ登録が進められる。

一般に外来動物の駆除事業では、対象動物は殺処分されることが多い。捕獲した外来動物を飼育し続けるのは現実的に難しく、ネコも含めて世界標準の方法だ。しかし、ネコはアカポッポより愛され上手である。ネコの動画を見ると心が癒されて仕事の効率が上がるという論文もある。特に日本では社会的な逆風も生じると考えられ、場合によっては批判により駆除作業の進捗が妨げられる可能性もある。なにより、殺さずにすめばそれにこしたことはない。

そんな背景の中、小笠原で捕獲されたネコは、小笠原海運の協力により内地に送られ、東京都獣医師会の協力で里親を探すという体制が取られることとなった。多くの関係者の協力により、ネコを殺さずに取り除くシステムが作られたのだ。簡単に数行で書いたが、ここに至る道は険しかったと想像してもらいたい。

なぜネズミは一般家庭でも殺すのに、ネコは問題視されるのか。ミッキーやジェリーはよくて、ドラえもんやキティちゃんはダメなのか。疑問は尽きないだろうが、人間社会に組み込まれたネコという動物への対応は、一筋縄ではいかないことだけは心に留めおいてほしい。

ワークショップから5年ほど経ち、私も口を大きく開けてうまい棒が食べられるようになった頃、父島の山中からはネコの姿が消え、アカポッポはメキメキと増え始めた。もちろん白髪でも中性脂肪でもなく、増えたのは個体数である。

いつしか彼らは集落にも出現するようになり、多くの島民の目にとまり始める。幻の鳥が、現実の世界に舞い戻ってきたのだ。ロート製薬のCM出演も夢ではないような回復である。これに伴い、交通事故やガラス窓への衝突などの弊害も生じている。しかし、これもまた個体数が増えた証拠である。

「俺は見たことあるんだぜ」、そんな小さな優越感が消失した寂しさを残し、最初のステージは無事にクリアできた。本気になりさえすれば、生物の絶滅は止めることができるのだと関係者の誰もが実感した。

赤は血の色、黒は罪の色

さて、その名の通りアカガシラカラスバトの頭は赤い。ではなぜ赤いのかという疑問は、至極尤（もっと）もなものだ。

赤といえば、赤い彗星（すいせい）シャア・アズナブルの専売特許である。彼は赤く塗装された専用モビルスーツで駆け、宇宙世紀における赤のシンボル的存在となった。その機体を目にした味方は士気を高め、敵は己の不運を呪（のろ）いつつ宇宙の藻屑（もくず）となった。シャアに敬意を表し、ここから赤い頭の謎（なぞ）を探ってみたい。

赤いモビルスーツは彼の象徴であり、ザク、ズゴック、ゲルググと赤い専用機を乗り継いでいる。にもかかわらず、ガンダムと最後の死闘を演じたジオングのみグレーだったことは、多くの青少年の心に疑問を残した。ここにヒントがありそうである。

ザク等とジオングには大きな違いがある。前者はいずれも量産機のカスタムモデルに過ぎないが、ジオングは1機しかない試作機だったということだ。

赤い塗装は、外見の似た量産モデルとの差別化に他ならない。これに対してジオングの場合は類似モデルがないので、色による差別化を図らずとも十分に識別が可能だ。赤が識別のための信号であることは明白である。

ここで小笠原に視線を戻すと、オガサワラカラスバトという別のカラスバトの分布記録があることに気付く。この鳥は、アカポッポと近縁のやはり全身が黒いハトだった。これが、いわば量産型ザクである。

鳥の外見は、バードウォッチャーが識別しやすいように進化するわけではない。鳥自身が互いに同種かどうかを見分ける必要があるのだ。そうしないと雑種が生まれてしまい、結局のところ不利益になる。このため、同所的に形態が似た種がいる場合、お互いを識別する特徴が進化しやすい。アカポッポの頭が赤いのは、オガサワラカラスバトと形態的な差別化をするために進化した帰結と考えると、実に合理的である。

このような例はアカポッポだけではない。沖縄には、ズアカアオバトといういかにも頭が赤そうなハトがいる。この鳥には驚くべき特徴がある。なんと、頭が赤くないのである。不当表示で景品表示法違反に問われかねない名称だが、台湾にいる集団では頭が赤いことがわかっている。

台湾には、ズアカアオバトと酷似したアオバトという鳥がいる。しかし、沖縄にはアオバトがいない。アオバトがいる場所でのみズアカになるという事実は、シャアザク仮説に合致している。

実を言うと、オガサワラカラスバトは19世紀に絶滅し、本当に幻になってしまった鳥だ。おそらくネコやネズミなど外来捕食者の影響だろう。しかしこの絶滅種がいなければ、アカポッポはただの頭の黒いカラスポッポだったかもしれない。

アカポッポを守ることは、近縁の絶滅種が確かに存在した証拠を守ることでもある。赤い頭は、進化というものが環境や他種の影響の中で長い時間をかけて形成される無二の財産であることを教えてくれているのだ。

4 カタツムリスティックワンダーランド

ヒヨドリとカタツムリ

聖なる嫌われ者の活躍

皆さんは、糞（ふん）と尿のどちらがお好きだろうか。どちらも捨てがたいが、私の場合は糞である。きっと皆さんにも好みがあることだろう。いやはや、考えているだけでワクワクする。

いや、誤解しないでほしい。変質者ではないから逃げないでくれ。せめて話を聞いてくれ。純粋に研究の話題である。

鳥の研究は観察による部分が大きい。どんな種がいたか。何を食べていたか。紅組投票者が何人いるのか。双眼鏡を首から下げて鳥の姿を探し、観察結果を記録する。最近では軽量高性能のデジカメが安価で普及しているが、全ての行動を写真や映像に残すのは現実的ではなく、目で見る観察は主流の調査手法である。

しかし、残念なことに観察結果は後から確認ができない。今朝見たツグミが食べていたのが、はたしてミズチだったのかツチノコだったのか、就寝前のベッドの中で気になっても観察内容は再現できない。観察とは、湯煙の向こうに透けて見える黄桜カッパ姐さんのような、朧げで儚げな存在なのである。

そんな観察に比べて糞はなんとも魅力的なサンプルである。なにしろ目の前に実在する対象があり、後世に証拠を残せるのだ。糞の内容物を分析すれば、その鳥の食物が間違いなくわかる。疑義があれば後から検証することもできる。恋敵の出した結果を粗探しして重箱の隅に隠れたわずかな間違いを白日の下に晒して名声に泥を塗り、彼女のハートを射止めることすら可能だ。

単に肉眼的に食物を知るだけではない。DNAを抽出すれば、粉砕された食物の正体も明らかになる。糞には消化管の内壁に由来するDNAも含まれており、落とし主の正体や性別も特定できる。糞内の化学成分を分析すれば、糞によって土壌にどのような栄養分が供給されるかもわかる。鶏糞(けいふん)に代表されるように鳥の糞は植物にとって良好な肥料となるのだ。糞から新種の寄生虫が見つかることもある。数年前には、エゾシカの糞から生えてきたキノコが新種として記載され、巷を賑(にぎ)わせた事例もある。

そう、糞は極めて魅力的な研究対象なのである。

冷たい目で見ないで

しかし残念なことに、鳥の糞は世の中に誤解されている。研究的意義だけでなく、そもそも糞のなんたるかが誤解されている。

車の上に白い乳液状のものが付着している時、美人運転手はこう嘆くだろう。

「あらやだ、鳥の糞！」

若干セリフがサザエさん風だが問題はそこではない。彼女が気になった白いものは、糞ではなく尿なのである。

鳥の排泄物(はいせつぶつ)には、白っぽい部分と黒っぽい部分がある。この白色部が尿で黒色部が糞である。どちらも所詮(しょせん)は排泄物と侮(あなど)ってはいけない。糞と尿の生成過程には、カッパとカワナガレほどの違いがあるのだ。

鳥に食べられた食物は、口を玄関として消化管を通過する。その過程で栄養分が吸収され、吸収されなかった残滓（ざんし）が総排泄腔（こう）から外界に排出される。要するに食物から養分を絞った残りカスが糞である。口から総排泄腔につながる消化管は体を貫くチューブに過ぎず、いわばドーナツの穴のようなものである。食物は体内の外界とも言えるチューブを通過しているわけで、糞は食物そのものの一部なのだ。これに対して、一旦（いったん）体に吸収された成分が体内での役割を終え、腎臓（じんぞう）を経由して老廃物として形を変えて排出されるのが尿である。

鳥は人間と異なり、糞も尿も総排泄腔と呼ばれる単一の穴から排出される。このため、黒い糞部と白い尿部がまとめて排泄されることが多く、両者が一緒に落ちているのである。一緒にまとまっていても、その由来が全く違うことはご理解いただけただろう。ちなみに、卵もこの同じ穴から生まれるため、殻が若干汚れていたりするのである。

なお、鳥の尿が白いのは尿酸という成分でできているからだ。鳥は体を軽くするため体内に余分な水分を蓄えていない。なので、水分の含有量が少ない尿酸という形で排出するのが得策である。また、卵の中で発生途中の雛（ひな）は尿を卵外に放出できないが、尿酸は水に溶けにくいため、卵内の環境を汚さずにすむのだ。

次に彼女がボンネットに白いシミを見つけて「あらやだ……」と言ったら、ちょっとかっこつけながら蘊蓄を語ってもらいたい。

「チッチッ、白いのは尿だよ。糞はその横の黒い部分だぜ。ハニー」

「理系はデリカシーないから嫌い」

毛虫を見るような目で蔑まれ、彼女は去っていくかもしれない。しかし、そんな彼女もいつかきっと感謝するはずだ。君のおかげで同じ間違いを繰り返すことなく、次の彼氏の前で不正確な発言をして恥をかかずに済んだことを。

ふっ、イヤなこと思い出しちまったぜ。


前述の通り、糞分析は鳥の研究をするための有効なツールとなる。しかし、その辺に落ちている糞をただ拾っても、主がわからなければしょうがない。いちいちＤＮＡ分析で落とし主を確かめるのはコストがかかるため、本人が明らかな状態で糞を取ることが好ましい。

鳥類学者はしばしばかすみ網を使って鳥を捕獲する。かすみ網は日本古来の無差別大量捕獲兵器で、その性能の高さゆえ１９４７年から狩猟法（現・鳥獣保護法）により使用が禁止されている。ただし、学術研究を目的とする調査では、十分な安全性が担保されていれば使用が許可されるのだ。残念なことに密猟者による違法使用の例も絶えないが、密猟はダメ。ゼッタイ。

かすみ網とは、ごく細い糸で編まれたテニスのネットのように横長の網である。私がよく使うのは横幅12ｍ、高さ約２・５ｍの代物で、鳥の通り道を横切るように設置する。黒く細い糸は背景に紛れ、鳥は網に気づかずに飛び込み、身動きが取れなくなるという寸法である。

鳥は捕まると糞をする。捕獲されたショックと緊張のゆえか、体を軽くして逃走の準備をしているのかはわからないが、とにかく糞をする。このため捕獲個体を紙袋に入れておくと、由来の明らかな試料が採集できるのである。糞を採集した後は、嫌がる鳥の全身を検分し、サイズを計測し、体重を量り、足環をつけ、ＤＮＡ分析用に血液を採集し、そして放鳥する。

分析してみるまで中身はわからない。糞はチョコレートの箱みたいだ。

トム・ハンクスがそんなことを言っていたような気がするが、実際に鳥の糞を分析していると、様々なものを食べていることがわかる。植物の種子、アリの頭、トカゲの骨、魚の鱗、鳥の羽毛、種によって多様な食物が見出され、季節や地域による違いを教えてくれるのだ。

翼を持たないフェニックス

ある晴れた昼下がり、小笠原の海へと続く道でメジロの糞を採集していたときのこと、中から見慣れぬものが出てきた。それはわずか数ミリしかない微小貝と呼ばれるカタツムリたちであった。メジロの糞は何百も調べてきたが、カタツムリとの出会いは初めてだ。とはいえ鳥がカタツムリを食べることはしばしばあるので、驚くことはない。サギやツグミもよく食べるし、卵の形成のためわざわざカタツムリの殻を食べてカルシウムを摂取する鳥もいる。

高尚なる鳥類の研究にいそしむ私には、こんな五分の魂すら入りきらない微小カタツムリの種類はわからない。そこで、東北大学にいるカタツムリの先生に見てもらうことにした。その結果わかったことが二つある。

一つ目は、それがトライオンノミガイやコガラヨシワラヤマキサゴなどという聞き慣れぬ微小貝だったこと。二つ目は、殻の中に体の本体が消化されずに残っていたことだ。彼曰く、生きたまま標本にしたかのような状態であり、排出された直後には生きていたとしてもおかしくないという。

鳥が食べたものは短時間で消化管を通り抜ける。これは体を軽く保つための適応と考えられており、メジロでは概ね1時間弱で糞として排出される。鳥は咀嚼せずに丸飲みするので、この1時間を耐え抜けばカタツムリはプリンセス天功のごとく生還できるわけだ。これまでそんな話は聞いたことがないが、もしそれが可能なら実に興味深い。これは実験するしかあるまい。

早速、東北大の先生と学生とともにプロジェクト・テンコーが開始される。実験の舞台は横浜市の動物園、飼育されているメジロとヒヨドリに微小貝を食べてもらうことにした。用意された５００個体の沖縄産ノミガイはあまりに小さく、手のひらサイズのタッパーに全個体が入り、その存在の儚さに目頭が熱くなる。このカタツムリをバナナに混ぜて給餌し、糞内のカタツムリの生死を見極めることにしたのだ。

死んでる、死んでる、死んでる、あきらめムードが漂い始めたころ、糞の中にゴソゴソと動くものがあった。糞にまみれつつも確かにノミガイが生きていたのだ。鳥の腸をすり抜けたミクロの決死隊が、生きたまま排出されたことが確認されたのだ！

結果的に、約15%のカタツムリが生きて見つかった。中には、糞から出現した直後に子供を産んで増殖した個体すらいた。これは、カタツムリが鳥に乗って移動分散できることを示している。

自力での移動能力の低い彼らにとって、これは大きなアドバンテージだ。鳥は果実を食べ、果肉という報酬と引き換えに種子を散布し、植物は分布を広げる。小さなカタツムリは、そんな種子と同じ振る舞いをしていたのだ。

果実となるか、種子となるか

普通は鳥に食べられた動物は消化されて死ぬ。そもそも消化できないなら食べないだろう。大多数が消化され一部の個体が生き残るという今回の結果は、鳥にとって食べる価値を担保する意味で合理的である。つまり85％の個体が果実の果肉の役割をし、生き残った15％が種子の役割をしているのである。

カタツムリは、流木に乗ったり、鳥の羽毛に付着したり、時には風に吹き飛ばされて長距離移動すると考えられてきた。そこに、ゼペットじいさん並みのエクストリームヒッチハイクという選択肢が加わったのだ。

こうなるといろいろな動物で試したくなる。硬い外骨格を持つ小型の甲虫、丸まれば無敵のダンゴムシ、鬼の胃袋で暴れた一寸法師、じゃんじゃん鳥に食べさせたい。夢は広がるばかりだ。

この実験を見守りながら、私の頭の中では妖獣（ようじゅう）ジンメンがデビルマンに言い放った言葉がこだましていた。

「生き物を殺すのはいけないことだ。なーっ、そうだろう。だからおれは殺さずに食ったのさ！」

ジンメンに食べられた人間は、意識を保ったまま背中の甲羅に顔が浮かび上がり苦しみ続ける。デビルマン史上最も嫌悪すべき敵と思っていたが、もしかしたら捕食されても生き残る動物の存在を予見していたのかもしれない。これからは、この移動様式をジンメン式移動と呼ぼう。さすが永井豪先生である！　サインください！

第四章

鳥類学者、かく考えり

I　コペルニクスの罠

陽気なネズミが世界を回す

近所のスポーツ施設でラートを習っていたことがある。ラートはドイツ発祥のスポーツで、ハムスター用の回し車を巨大にして、人間がその輪の中に入ってクルクルと転がるものだ。初歩段階では、輪っかの内側でウィトルウィウス的人体図の体勢をとり、ダ・ヴィンチに想いを馳せながら側転よろしくコロコロ転がる。

ラート（ドイツ語で“歯車”）

まだ初心者なので他に芸がなく、バターになりやしないかと心配しながらただただコロコロしていた。しかし、コロコロだけで存外に楽しい。いずれ通勤に使ってみたいと思って始めたラートだが、直進しかできない私には天竺(てんじく)より遠い望みであり、掌の上で転がるのが精一杯だった。

２０１４年、ラートの本家とも言えるネズミの回し車に関する論文が発表された。野外に回し車を設置し、野生動物が遊びに来るかどうかを確かめてみたという遊び心満点の研究だ。その結果、野生のネズミがやってきてひとしきり回していくことがわかった。回し車を回しても、食物が得られるわけでもなければ、シンデレラを紹介してもらえるわけでもない。ダイエット目的の可能性も否定はできないが、野生動物はどちらかというと食べて太ることに専心しており、わざわざ痩(や)せていては厳しい世界で生きていけない。

さらにこの実験ではカエルやナメクジも遊びに来ていた。その動画はウェブで公開されているので是非見てもらいたい。ナメクジがカタツムリの歩みのごとくゆっくりと回し車を回す姿を見ると、我先にエスカレーターを駆け上る自分が恥ずかしくなる。論文を介してナメクジに窘(たしな)められた私は、楽しみのために無心に回ることを覚え、ラート教室に通ったわけである。

ヒトは回して追い抜いた

野生動物の運動は非常に優れており、人類の崇拝の的となってきた。鳥のように飛びたい。イルカのように泳ぎたい。ナマケモノのように怠けたい。彼らの洗練された運動能力は常に人間の一歩先を行っている。

テクノロジーの世界ではバイオミメティクスが注目されている。これは、生物の持つ優れた機能を模倣することで、新たな素材や機構の開発に生かす手法である。たとえば飛行機に乗ると、窓から見える翼の先端が少し上に折れ曲がっている機種がある。これは飛翔(ひしょう)時に鳥の翼端がめくれ上がる構造からのインスピレーションでＮＡＳＡが開発したものだ。

野生の世界では効率の悪さが死に直結する。捕食者より運動性能が低ければ食べられてしまい、獲物より運動性能が劣れば食いっぱぐれる。動物は敵対関係の中で軍拡競争を行い、運動性能を洗練させてきた。長い進化の歴史の中、突然変異により様々な形質が生まれ、効率の悪い個体は死に、効率の良い個体のみが生き残る。何億年もかけてトライアル＆エラーを繰り返し、星の数ほどの実験体の死を積み重ね、機構がブラッシュアップされている。おかげで、わずか25万年の歴史しかない人類では到底及ばぬ知の宝庫ができているのだ。

　にもかかわらず、回転運動である。

一般に前に進む行為には無駄が付きまとう。鳥は翼を羽ばたかせて進む。羽ばたきとは翼を上げては下ろす行為だが、前進に寄与するのは翼を下ろす時のみだ。持ち上げは次に下ろすための準備でしかない。動物が歩行する時は、前に出した足を地につけ、後方に蹴って進む。足を出す間は宙に浮いているため推進力は得られない。クロールもバタフライも一連の動作のうち半分は準備である。実に無駄、無駄無駄無駄、時間を止めて説教したくなるくらい無駄だ。

　一方で回転運動はエレガントだ。前進のための行為がそのまま予備動作を兼ねており無駄がない。このため途切れることなく滑らかに前進でき、数ある運動パターンの中でも極めて効率良い運動、すなわち運動オブ運動なのである。

猛スピードのアルマジロが丸まって坂道を直滑降、キツネに追われ雪上をひた走るウサギが転がりながら雪だるま、いずれも想像に難くない。しかしあくまで想像どまりで、野生動物で見られる回転運動はガチャピンのバク転ぐらいしかない。回転という画期的運動が、野生動物では未採用なのだ。

　これに対して人間は紀元前から回転運動を利用してきた。その歴史は車輪やろくろという形で古代メソポタミアまで遡るという。人間の発明した機構が自然を上回った瞬間である。

悔しいことに、回転ほど滑らかな運動は野生動物では極めて稀である。日常では得られないスムーズ感が回転運動に魅力を与え、ナメクジから鳥類学者まで心を鷲摑みにするのだ。

自分でするのはイヤなのです

人間は空にものを投げるときにも回転を利用する。ブーメラン、フリスビー、手裏剣、カーブボール。むしろ回転させずに投げる方が難しいくらいだ。回転する物体はジャイロ効果を生じ、安定した軌道で飛ぶ。回転は地上のみならず飛行でも有利な運動なのである。

鳥類は陸上動物の中でも極めて運動性能が高い。ミズナギドリなんぞは空を飛べば日常的に数百㎞、海に飛び込めば50ｍ以上潜水可能で、陸を歩かせると１ｍ以上の穴を掘り営巣する。確かにコウモリは飛ぶし、イルカは泳ぐし、モグラは地に潜る。しかし、コウモリは潜れないし、イルカは飛べないし、モグラは泳げない。陸海空の異なる環境にはそれぞれ異なる運動機構が必要だ。そんな彼らを尻目に三界トライアスロンをやってのけるミズナギドリはタフなアスリートである。ミズナギドリを筆頭に、鳥は多様な環境を利用し様々な運動を操る器用な野生動物である。

最後の希望を懸けて鳥の飛翔に注目して探したが、やはり誰も回っていない。ブーメラン型の翼形を持つアマツバメはもしやクルクルしていないかと期待したが、買い被り(かぶ)であった。唯一(ゆいいつ)見つけたのは、モズが電線にとまり尾を無駄にクルクル回す姿だけである。鳥類原理主義者として無念きわまりない。

結局のところ誰も回らない。野生動物はなぜ回転しないのだろう。単に思いつかなかっただけだろうか。いや、1億5千万年かけて進化した鳥類に限ってそんなはずはない。ラートで回転しながら私の頭脳もフル回転する。目に映る世界もクルクル回る。回っているのは自分か、それとも世界か。天動説と地動説の狭間(はざま)で自問自答していた時、灰色の脳細胞が回転運動のデメリットを囁(ささや)きかけてきた。そう、世界が回るのだ。

鳥は歩きながら首を振る。カモやカモメなど振らない鳥もいるが、話すと長くなるので彼らのことは忘れ、ニワトリやハトが歩く姿を思い浮かべてもらいたい。タカやフクロウなどの捕食者を除き、ほとんどの鳥は目が頭の側方にある。このため、普通に歩くと視界の中で風景が前方から後方に流れて安定しない。

そこで彼らはまず首を伸ばし、頭の位置を固定した上で体を前に移動させる。体が移動したらまた首を伸ばし、同じ行為を繰り返す。このことにより、首を動かす一瞬以外は頭の位置が静止し、安定した視界が長時間維持できる。つまり彼らは首を振っているのではなく、空間に対して頭を固定しているのだ。

鳥類は視覚に頼る動物である。同じく多くの昼行性動物が視覚に頼る。食物の発見でも捕食者の警戒でも、視覚は重要な役割を果たす。しかし回っていると景色が動き続けて視界が安定しない。これでは獲物も捕食者も到底発見できない。いかに運動効率がよくとも、命の危機は採用を見送る大きな根拠となる。彼らは回らなくて当然なのだ。人間が回転を利用できたのは、自分ではなく道具を転がしたからなのである。

きっと幸せはそばにある

とはいえ、本当に回転運動は野生動物に採用されていないのだろうか。例外のない法則はあるのだろうか。もしかしたら、どこかでひっそりとコロコロしているかもしれない。私は野生の回転を求めて旅に出ることにした。

時に岩の割れ目にはさまったダンゴムシに失望し、時にコタツで丸くなるネコを叱咤激励する。しかし回転は見つからない。エレキングの角でもグビラのドリルでもいいから回ってくれ。いっそ怪獣が上陸して明日の会議中止になれ。そんなことを考えながら遊歩道を歩いていた秋のある日、ついにその時がきた。

岩上の1匹のオカヤドカリと目が合う。私に驚いたのか殻の中に体を引っ込める。すると、支えを失った彼は大岩の側面を転がりながら私の視界から消えて行くではないか。ネズミの穴を目指すおむすびほどの猛スピードである。

ついに見つけた、これこそが野生の回転だ！　効率のよい回転で日常にない速度を稼ぎ、一気に敵の視界から逃げ去って命の危機を回避する。実に天晴れ、日本晴れ！私の旅もようやく終わりだ。ありがとうオカヤドカリ。動物が陸上に進出して約4億年、回転運動はきちんと開発されていたのである！

コロコロコロ……ガチャン！

ぬっ？　何だ、その岩にぶつかって割れた殻は？　何だ、その殻を見捨てて逃げていく弱々しい甲殻類は！

後先考えぬ回転により視界から消えたオカヤドカリは、勢い余って岩にぶつかり割れたのだ。仮にも彼らは天然記念物……私は歩いていただけだよな。私が割ったわけじゃないよな。そもそも割れたのは彼らの借宿であって、彼ら本体でもないしな。そうだよな。……私は悪くないよな……。

回転運動は絶望的に視界を失う制御不能の無謀運転に過ぎない。野生の回転が進化しなかった理由を目の当たりにし、私の旅は秋風と共に終わりを告げた。

秋空を仰ぐとあのオカヤドカリを思い出す。小さな感傷にひたる私の視界の端で何かがクルクル回転する。イマサラ何だ？

それは回りながら宙を舞い落ちてくるカエデの種だった。種子に備わる翼が空気に干渉して回転している。そういえば、熱帯雨林の代表的樹種であるフタバガキ、日本に自生するニワウルシ、街路樹に使われるアオギリ、様々な種子が翼を持ち回転しながら落下する。この場合、回転により落下時間が延長され、風でより遠くまで散布される効果がある。まさか、植物で採用されていたとは恐れ入った。

動物にとって視界を失うデメリットは大き過ぎる。しかし、視覚のない植物には関係ない。カエデは約6千万年前の地層からも出現する。いつから回転していたかは知らないが、人類を凌ぐ長い歴史を持つことは間違いない。回転「運動」という自らの言葉に縛られ、動物に対象を固定して探索していた自分が恥ずかしい。

先入観を持つべからず。研究者としての心得をすっかり失念していた自分を猛反省である。反省を活かし、ラート通勤も無理だとあきらめず実現に向けて回転を進めることにしよう。まずは、ナンバーが取得できるかどうか運輸局に問い合わせねばなるまい。千里の道も一歩から、15㎞の通勤路も1回転からである。
小さな一歩を大切にすることもまた、研究者の心得である。

2 二次元妄想鳥類学事始め

脳内講座の始め方

お腹（なか）が空（す）いたら森永チョコボールだ。むむっ、こんなところに鳥がいるではないか。ここは一つじっくりと観察し、その行動を推定しなくてはなるまい。

チョコボールのパッケージを飾るキョロちゃんは、駄菓子屋を中心に分布する鳥類だ。ご存知ない方は、チョコボールをご賞味頂きたい。1円あたりの美味（おい）しさではゴ

リアル・キョロちゃん

ディバにも引けを取らない駄菓子界のアイドル的存在である。大きな嘴（くちばし）に大きな目、色彩豊かな羽色という特徴的な容姿を持つが、その行動については断片的な情報しかない。

　とはいえ生物学の研究の歴史は長く、多くの知見が蓄積されている。特に動物の生態と形態の関係はよく理解されている。たとえば、捕食者であるタカやトラ、サメなどは、動物を襲う武器となる鋭い嘴や爪（つめ）、牙（きば）などが発達しているが、身を守るための鎧（よろい）は持たない。生態系の頂点に立つ彼らにとって、攻撃こそ最大の防御。わざわざ身を守る機構を発達させる必要はないのだ。

　一方で、防御機構を進化させているのは生態系のピラミッドの下位にいる動物だ。ハリだらけのヤマアラシはか弱き草食獣、装甲に覆（おお）われたアルマジロはミミズなどを食べる臆病（おくびょう）者、トゲの鎧のイセエビはサメに怯（おび）える美味なる食材だ。堅牢（けんろう）な鎧を作るにはエネルギーを要する。死ぬよりマシだから、そんな豪華な装備を進化させているのだ。ちなみにアルマジロの鎧は小銃で撃つと跳弾（ちょうだん）することもあるらしいので、くれぐれも気を付けてほしい。

　銀幕ではドラゴンが全身にトゲを生やし、主人公を恐怖の奈落に突き落とす。しかし、形態から察するにそいつは捕食者に怯える弱者だ。マリオブラザーズのラスボスのクッパなんかもトゲだらけ、さぞかし美味しいに違いない。勇者たちは武術や魔法の鍛錬より、まず生物学を勉強したまえ。さすれば随分と無駄な殺生をせずに済む。
では、改めてキョロちゃんを見てみよう。大型の嘴は食物を丸飲みするのに適している。ネズミや魚を捕食する肉食者か、果実を丸飲みする植食者だろう。ただし、彼らの主要成分がカカオとピーナッツであることを考えると、果実を愛する平和主義者の可能性が高かろう。

　気になるのは、つぶらな瞳が共に正面を向いていることだ。一般に捕食者を警戒する食べられ上手な鳥は、視界を広くするため目が頭部の横にある。これに対して捕食者は、両目で対象を見て立体的にその位置を捉えられるよう、目が前方についている。そうすると、肉食説が急に現実味を帯びてくる。

　しかし、人間を含むサルの仲間でも、前方に目がついていることはご存知の通りだ。サルは樹上利用者として進化し、木枝の位置などを立体的に把握するため広い両眼視野を発達させたと考えられる。つまり、肉食者でなくとも前向きの目は進化するのだ。

　きっとキョロちゃんは、捕食者がおらず警戒を必要としない地域で、樹上の果実を食べて暮らしているのだろう。そこは、肉食哺乳類のいない孤島だ。大きな嘴と前向きの目から、まずは合理的な考察に達したと言えよう。

そこに趾(ゆび)があるから

　私は寒がりで冬はフィールドに出ない。日本国民には言論と寒がりの自由が保障されているので、コタツで自在に丸くなる。しかし、鳥学力が鈍るとまずい。甲子園なら千本ノック、バスケなら2万本シュート、練習は不可欠だ。こういう時はおコタでエア鳥類学に限る。今日は秘蔵のお菓子ボックスで見つけたキョロちゃん相手に脳内研究に励む。

　さて、続きだ。彼らは茶色や黄色など、個体により微妙に異なる多様な羽色を持つ。これは、シベリアで繁殖するエリマキシギと同じタイプだ。

　エリマキシギは繁殖期に雄が集まりレックと呼ばれる集団を作る。メスに綺麗(きれい)な羽色を披露し競いあって、つがいになるのだ。春になると色とりどりのキョロちゃんが草原に集まりダンスを始める。メスはうっとりと寄ってくる。野外でこんな場面に出会ったら、食べ放題で絶滅の予感だ。やはり、捕食者不在の孤島仮説と合致する。ふむ、ますます説得力があるな。

　次の注目は足だ。そこには前に3本、後ろに1本の趾(ゆび)がある。これは鳥類に典型的なパターンで三前趾足(さんぜんしそく)と呼ぶ。趾とは足の指を表す用語である。

この足の特徴は後ろ向きの第一趾、すなわち親指にある。自分の足にこんな趾があったら靴下には穴が空き、カカト落としをすればツキユビし、いいことなさそうだ。何より、前進時に逆向きにひっかかって邪魔でしょうがない。

一方で、この趾には物をつかむ機能がある。人間が足で物を上手につかめないのは、全(すべ)ての趾が同じ向きだからだ。鳥の三前趾足は木の枝をつかむために進化したと考えられており、この足は樹上への適応なのだ。キョロちゃんの樹上生活仮説に都合よく符合している。

鳥にとって足は翼と並んで重要な器官なので、少し注目してみよう。

鳥類は飛行に適応して進化した動物であることに異論はない。しかし、鳥は多くの時間を飛ばずに過ごしている。空を飛ぶのには、食物探索、季節的移動、捕食者回避などの理由があると考えられる。逆に言うと、これらの理由がなければそれほど飛ばないのだ。

飛行にはコストが伴う。ニュートンがリンゴを落としたことが原因だ。彼がそそっかしいせいで世界は重力に支配され、飛行にエネルギーを要するようになった。厳しい野生の王国ではエネルギーの無駄遣いはご法度(はっと)である。このため、鳥は用事がなければ飛ばない。

野鳥を見ていると、空を飛ぶ頻度が思いのほか少ないことがわかろう。食物を探すハトはずっと地上を歩いている。カラスは電柱の上でニヤニヤしている。追えば飛んで逃げるが、手の届かぬ枝でまた休む。鳥は飛ぶものというのは先入観に過ぎない。飛ばないときに彼らが使用する器官は足だ。翼は鳥類の象徴だが、足は日常を支える運動器官として重要な役割を持つ。このため、鳥の足の形態は生活にあわせて適応的に進化している。

三前趾足は樹上利用者の典型的な足だ。スズメもタカもハトもこのタイプだ。鳥の祖先である恐竜では、趾は全て前向きについていたが、これは彼らが地上で活躍していたためだ。恐竜から鳥類が進化し、樹上を使うことで後ろ向きの第一趾を獲得したのである。

その後、樹上に適応した鳥類から、樹上を利用しない鳥類が再び進化してきた。そのことにより、第一趾はただの厄介者となってしまう。このため地上性の鳥では第一趾が消失していく。オーストラリアのエミューでは第一趾がなくなり三本趾に、アフリカのダチョウでは第二趾まで退化して二本趾になっている。未来のアフリカを舞台に映画を撮るなら、ぜひ一本趾にまで進化したミライダチョウを描いてもらいたいところだ。

樹上利用をやめた鳥を身近で確かめたいなら、アヒルあたりがちょうど良いだろう。その足には小さく退化した第一趾がちょろりとぶら下がる。彼らの第一趾にはすでに趾としての機能はほとんどなく、過去に趾があったことの記念に成り下がっている。同様にカモメでも第一趾は痕跡的な存在だ。

キョロちゃん樹上説はもう疑いようがない。これは公式サイトに掲載してもよいレベルだ。誰か、お客様相談室に電話してくれないか。

とまぁ、いろいろと尤もらしく書いたが、騙されてはいけない。研究者はしばしばホラを吹く。

信じても救われるとは限らない

複数の形態からの考察で、樹上生活の証拠を挙げてきたわけだが、実はここで述べたことは必ずしも信用できない。もちろん、個々の事象は基本的に本当のことを書いているつもりだが、それはあくまでも事実の一部でしかない。

たとえばレンカクという鳥の足は、後ろに伸びた格別に長い第一趾を持つ。先述の内容に則って考えると、これは太い枝にとまらせたくなる形態だ。しかしこれは樹上適応ではない。彼らは、水上の蓮の葉の上を歩き回る。そんな不安定なところを歩くには、足裏にかかる体重の圧力を分散させることが好ましい。雪上でカンジキを履くとめり込まないのと同じ原理で、格別に長い趾を広げて儚い葉っぱの上を歩き回るのだ。ぬかるむ干潟の泥の上を歩き回るクイナの仲間も、やはり長い第一趾を持つ。

足場の悪いところだけではない。ヒバリやツメナガセキレイは、普通の長さの第一趾に加え、趾と同じぐらい長い爪を持つ。彼らは地上をよく歩く鳥である。二足歩行は四足に比べて不安定な運動だ。枝のように摑むもののない地上において、足裏の接地範囲を増やして安定性を高めているのかもしれない。

確かに後ろ向きの第一趾が最初に進化したのは、樹上生活への適応かもしれない。しかし、樹から下りた鳥の中には、これを体の支持の安定性に転用している種も多いのである。

そう思うと、キョロちゃんが立派な第一趾を持つからといって、必ずしも樹上利用者とは限らない。むしろその足は、水辺のぬかるみに適応したものかもしれない。もしそうなら、大きな嘴は大きな魚をパクリと食べるためのものだろう。前向きの目は、魚の位置を正確に把握する捕食者の目だ。褐色を中心とした様々な色彩は、地域ごとに異なる水辺の枯草や土手への保護色としての適応で、捕食者のタカから身を隠すとともに、獲物の魚からも見つからぬよう配慮されているのだ。ナマズを丸飲みにするその姿は、淡水魚界から忌み嫌われる恐怖の大王である。ほのぼの果実食仮説と対極の結論だ。

どちらが確からしいかはもちろん不明である。だいたい、形態だけで生態がわかるなら野外調査なんて不要だ。わからないからこそ調査するのだ。まったく、鳥類学をなめてもらっちゃ困る！

というわけで、エア鳥類学の結論は生態不明という振り出しに戻った。

研究者は専門知識を駆使してそれらしいお話を作るのが得意である。都合の良い事例を上手に組み合わせ、一見説得力のある物語を編み、時に世間を欺いてしまう。とはいえ、必ずしも悪意があるわけではない。時には自らその物語を信じ、自分まで騙してしまうこともある。だからこそ、研究成果を聞く人にも、内容を改めて吟味する癖をつけてほしい。もちろん騙す方が悪いわけだが、自己防衛は必要である。

こうなったら研究者としての義務は一つ、野生個体の調査しかあるまい。どこかで野生のキョロちゃんを見かけた方は、ぜひご一報いただきたい。有益な情報提供者には、秘蔵のチョコボールを差し上げよう。

さて、考察も終わり野生個体の発見も人任せにできた。人心地ついて何となしにネットを見ていると、キョロちゃんのアニメがあることを偶さか知った。既に野生個体の記録映像があったとは、なんたることだ。論文ばかり探していて、一般情報の探索を怠っていた。

象牙（ぞうげ）の塔にこもりすぎて一般の知識を欠いたまま思考を暴走させるのも、研究者の特徴の一つである。研究者の特性を知ったからには、信じるか信じないか、ここから先は自己責任だ。くれぐれも気を付けたまえ。

3 冒険者たち、冒険しすぎ

オガサワラノスリ（with クマネズミ）

ガンバりすぎ

亜熱帯地域に属する小笠原では、冬でも蚊が五月蠅い。字面的に若干違和感があるが、いずれ地球温暖化が進めば本州でも冬に蚊に悩む日が来るかもしれない。本州が冬将軍と一戦交えているのを横目に、野外調査をしていると案の定蚊に食われた。

セボリヤブカにオガサワライエカ、この地では蚊ですら固有種である。二の腕に止まった蚊を叩こうかどうか、しばし躊躇する。固有種だからではない。平等主義を標榜する私は、何処においても分け隔てなく蚊を敵視している。

ここは無人島、西島だ。小笠原には西之島という似て非なる島があるが、似ても似つかぬ別の島である。生き血をすする不敵な吸血蚊は、無人島の無人営業中に一体誰の血を吸っていたのだろう。デトックスを期待して断食していたわけではあるまい。

この島での合計重量が最大の脊椎動物はおそらくクマネズミだ。そう考えると、普段はネズミの血を吸っている可能性が高い。不用意に蚊を潰すと、私の手にネズミの血がべっとりとつくかもしれない。それはキモチワルイ。躊躇している間に蚊は食事を終え、どこかに行ってしまった。ぐぬぅっ、私の血を糧に仲間を増やそうとは不届きな奴らだ。

西島に限らず日本で最も個体数の多い哺乳類は、おそらくネズミの仲間だろう。捕食者に食べられ食べられ、それでもドッコイ生き残るような小型で増殖率の高い動物である。彼らは、同時に人間の最も身近にいる野生動物でもある。

人間のいる場所には大概ネズミがいる。ネズミは人間が大好きなのだ。それは大型テーマパークでお金を落としてくれるからでも、トムをとっちめてくれるからでもない。人間社会から発生する食物や環境が有益だからだ。農作物は大好物だし、ヒトの居住地にはテンやフクロウなどの捕食者が少ない。食物はあるわ天敵はいないわ、その極楽感たるや銭湯の番台のごとしだ。

神代の時代、大国主はネズミに助けられ九死に一生を得た。ネズミ様様だ。しかし、そんな蜜月も今は昔の物語である。ネズミは人間社会に接近してくるが、現代人はネズミを毛嫌いしている。農業被害を出し、伝染病を運搬し、ネコ型ロボットの耳を食いちぎる。こんなことならウマの耳にもネコの耳にも念仏を書いておけばよかったと後悔する。ネズミは人間につきまとう人類史上最初のストーカーなのだ。そしてストーキングをこじらせたネズミは積荷と共に船に乗り、世界各地の島にまで侵入した。

招かれざる賓客たち

小笠原諸島にはヤギ、ネコ、ウシ、ブタ、シカ、ウサギといった外来哺乳類が持ち込まれた。これらはいずれも意図的に運ばれたものである。

一方でネズミは勝手に侵入した。百害あって一利ないネズミは、憎まれっ子世にはばかりながら、小笠原の約30の島に分布を広げた。小笠原に分布するハツカネズミ、ドブネズミ、クマネズミの中で、諸島内で最も分布が広いのはクマネズミだ。

クマネズミは植物質を好み、特に種子をよく食べる。中でも大型種子は好物で壊滅的に採食する。一般に種子が大きいと1本の木になる種子数は少なく、種子が小さいと数が多い。採食効率の良い大型種子は狙われやすく、結果的に植物は大打撃を受けることになる。私もジャイアントコーンの焼きトウモロコシを夢見るミックスナッツ愛好家なので気持ちはわかるが、その食圧は植物の更新に大きな影響を与える。

種子だけではない。稚樹もかじって枯死させるため、影響の裾野は広い。ネズミは夜行性であり、ヤギのようにワシワシと食べる姿が見られないため、その影響のほどは潜伏性が高い。しかし、クマネズミは木登りも得意で樹上の種子までも食べてしまい、次世代育成を阻害して少子化に拍車をかけている。それ以上に恐ろしいのは、突如として好みをスイッチさせることだ。クマネズミは突然動物を襲い始めることがあるのだ。

東島というひねりのない名前の小さな無人島がある。ここは小笠原諸島でも有数の海鳥繁殖地で、数千つがいのミズナギドリが繁殖する。この島で2005年頃から異変が観測された。アナドリという小型ミズナギドリの死体が数百も見つかったのである。その体には、ネズミの噛み跡がついていた。

海鳥は一般に滑空に適した長い翼を持つため、長距離飛翔は得意だが、俄かに羽ばたいて飛び立つのは苦手である。しかもミズナギドリは地中に営巣するため、巣穴の中でネズミに襲われたらひとたまりもない。フルーツ好きのＯＬのように無害な隣人が、ある日突然に肉食化し襲いかかってきたのだ。それはもう、バイオハザードである。

このままでは海鳥が絶滅する。危機から島を守るため、急遽ネズミ駆除が実施されることになった。本当はミラ・ジョボビッチに頼んで肉弾戦でネズミを殲滅してほしかったのだが、そんなことを口に出せる雰囲気ではなかった。

ネズミ駆除は根絶が基本である。増殖率が自慢の彼らは年に何度も子を産み、それはもうネズミのごとく増殖する。たとえば、1ペアが年20匹の子供を残して死ぬとしたら、個体数は毎年10倍になる。根絶に失敗して10匹の親が生き残ってしまえば、3年で1万匹まで回復する計算になる。

東島は小さいとはいえ28haある。アンブレラ社のアリス・アバーナシーの体表面積を約1・7㎡とすると約16万5千アリス、ゾンビも舌を巻く広さである。崖地や密生したヤブなど直接のアプローチが難しい場所も多い。このため、罠での捕獲は現実的でなく、ヘリコプターによる殺鼠剤の空中散布が行われた。

毒の有効成分は、ダイファシノンという何だか特撮ヒーローに登場しそうな名前で、体内に内出血を生じさせ死に至らしめる。ネズミ以外の哺乳類にも効果があるため、絶滅危惧種（きぐしゅ）のオガサワラオオコウモリが食べたら死ぬ危険がある。そこでオオコウモリが島に訪れないよう、空中散布前に好物のリュウゼツランを除去する作業が行われた。また一般に鳥への影響は小さいが、種によっては死亡する可能性もある。中毒症状はビタミンK1投与で緩和されるため、万一のレスキュー体制が整えられた。

2008年8月、300kgの殺鼠剤とともに駆除事業が実施され、無事に根絶を迎えた。東島の海鳥相は絶賛回復傾向にある。

これは幸運な成功例だ。勝因は、海鳥絶滅前にその被害を発見できたことだ。しかし残念ながら、多くの島ではすでに小型海鳥が姿を消した後である。植物や海鳥ばかりではない。父島や兄島など男臭い名前の島では、カタマイマイやヤマキサゴなどの希少なカタツムリが捕食され、絶滅寸前に追い込まれている。樹上では小鳥の巣も襲われている。

毒による駆除はしばしば賛否の議論を引き起こすが、ネズミの存続により失われる生命と生物多様性を考えると、効率的な駆除の推進は不可欠である。

悪党のパラドクス

その一方でネズミは生態系の中で重要な役割を果たしている。それは、オガサワラノスリの食物となることだ。この島は小笠原に固有のタカで、その食物の約半分がネズミとなっている。このため、ネズミがいなくなると彼らは食物不足に陥るのだ。私が調査している西島では、ネズミ駆除後にノスリが姿を消してしまった。別の無人島では駆除後にノスリの繁殖成功度が低下している。ノスリにとってネズミの喪失は、小麦粉抜きのお好み焼きに匹敵する衝撃的な事象である。それじゃただの野菜炒めだ。

オガサワラノスリは文化財保護法により天然記念物に指定され、また絶滅危惧種でもある。つまり、ネズミは保全対象種の存続に欠かせない動物とも言えるのだ。この状態でネズミを根絶しようものなら、巻き添えにノスリも絶滅しかねない。こうなると、単純にネズミ根絶万々歳とはいかない。

アントワネットは、ネズミがいないならケーキを食べれば良いと金言を残した。しかし残念ながら、無人島のどこにもケーキ屋さんはない。では、ネズミが侵入する以前のノスリの食物が何なのか気になるところだ。

海鳥の繁殖地に行くとその答えが落ちている。ノスリに食べられた海鳥のバラバラ死体だ。小型海鳥はノスリの食物として最適サイズで、よく捕食されている。小笠原にはもともと多くの海鳥が繁殖していたが、ネズミの侵入により各所で絶滅していることは先述の通りだ。要するにノスリは、いなくなった海鳥の代わりにネズミを食べているのである。

ノスリにとってネズミは食物であり、同時に小型海鳥という食物を奪い合う競争者でもあったのだ。ネズミは、ケーキを食べ尽くしたためにケーキに代わってノスリに食べられる羽目になったわけで、なんだかイソップ物語あたりに出てきそうな寓話(ぐうわ)感のある運びである。

ネズミを駆除すればノスリは食物不足になる。しかし、ネズミがいなくなれば鳥類が増えるだろう。そうすれば、ネズミがいなくともノスリは海鳥や陸鳥を食べて絶滅の危機を免れるはずだ。鳥類相の回復を進めながら駆除を行えば、なんとか大丈夫そうである。

一度生態系の中に組み込まれ、生態系の中でなんらかの機能を持ってしまった生物は、その根絶により副作用を引き起こす。たとえ嫌われ者のネズミであっても、きちんと生態系の中での機能を読み解かねばならないのだ。

海を泳ぐネズミ

さて、根絶根絶といかにも簡単そうに書いてきたが、実はそう簡単ではないことがわかっている。ネズミは短距離であれば海を泳げるのだ。クマネズミなら、１㎞程度の海を越えて隣の島に分布を広げられる。望まれぬ外来種であるネズミが広い分布を持つに至ったのは、その奔放な移動性のためなのだ。

西島では、2007年にネズミの駆除が行われ同年に根絶宣言が出された。しかし、2009年にはネズミが再び見つかっている。これを受けて2010年に再度駆除が行われたが、2013年にまたまた見つかる事態となり、2016年11月に三度目の駆除が行われた。

このモグラたたき的顚末(てんまつ)は、根絶に至らず少数が潜伏的に生き残りその後に増加したためかもしれない。しかし、ネズミは増加率が旺盛(おうせい)であるため、生き残りがいれば駆除後2年以内に再発見される確率が高いとされる。特に2013年の例では再発見までに3年以上かかっており、根絶後に再侵入した可能性も否定はできない。

西島はネズミが高密度分布する父島から1・8㎞、茨城が誇るのっぽさんダイダラボッチなら約10歩分しか離れていない。この島で根絶しても、再侵入の不安はぬぐい去れないのだ。かといって2000人以上が住み24㎢を有する父島での根絶は容易ではなく、完全勝利へのシナリオは未(いま)だ用意されていない。

映画「バイオハザード」では、ゾンビが発生しては2時間かけてアリスが駆除するというルーチンを繰り返した。ステージをクリアしていくゲーム世界の非現実と侮(あなど)ってはいけない。これはネズミ駆除関係者には悪夢の現実を彷彿(ほうふつ)とさせるリアリティあふれる作品である。ゾンビをネズミに脳内変換しながら鑑賞すれば、ネズミハザードで小笠原気分を楽しめることを約束しよう。

4 シンダフルライフ

鮮度がね……

擬死の科学

「クマの前で死んだふりなど笑止千万、科学的とは程遠い。こういう場合は、慌てずに体勢を保ってゆっくりと後ずさるのが適当である」

春になると冬眠から目を覚ました森のクマさんたちが、野山を駆け巡り始める。一方で山菜採りの美男美女たちも野山を駆け巡る。俄然両者の遭遇確率は上昇し、花咲く森の道でスタコラサッサッサノサである。

冒頭のセリフはクマ出没の季節になるとよく聞かれる。ここで考えねばならないのは、科学的とは何かということである。一般に科学的に実証されたことは信頼性が高いと考えられている。私ほどの科学者になれば、白衣の美人の発言であれば手放しで盲信してしまうわけだが、科学的といった場合に重視される要件があることも知らなくはない。

いわゆる自然科学の世界において重視される要件は、「反証可能性」と「再現性」である。「反証可能性」とは、証明したい事象に対してそれが正しくないことを証明する方法がありうるということである。これが担保されることは科学的な信頼性を得る重要な要件となる。

たとえば、私はハワイのビーチでお色気ムンムンの人魚を見たことがある。残念ながら私が見たのはビキニの眩しい上半身だけだったので、魚類らしさを醸し出す特徴的な下半身は見ていない。しかし、あの美しさはマーメイドに違いないと確信した。

その一方で、私の友人たちは彼女を見ていないと言う。それも尤もな話だ。人魚はとてもシャイだし、その姿は選ばれし者にしか見えないのである。

このような対象の不存在を科学的に証明することはできない。もし見つかればそれで話は済む。しかし、見つからなかった場合には、「だってあなたには人魚は見えないのですもの。本当はいるのに」となってしまう。人魚だけに水掛け論だとか、なんだかうまいこと言いたくなってしまう。

つまり、いることは証明できる可能性があるが、いないことを証明できる可能性がないのだ。この場合、人魚が存在するという仮説に対して、反証可能性が担保されていないため、その存在を科学的に議論できなくなる。

次に「再現性」とは、同じ条件をきちんと揃えれば必ず同じ結果が得られるということである。たとえば、人魚と私が出会えば必ず一目で恋に落ちることが科学的に証明されたと言えば、それは何度出会っても恋に落ちるということである。来世でもきっと二人は結ばれる。

必ずしもこれらがうまく成立しない場合もあるのだが、まぁだいたいそういうものだと思ってほしい。

死にたくなければ死んだふり

そもそも、クマに対する死んだふりの有効性は古代ギリシャのナチュラリスト、アイソーポスによる報告に基づき語りつがれているものだ。これは一例報告に過ぎず、確かに科学的に検証されたわけではない。この報告書には、アリが冬に向けて貯食する事例やキリギリスがバイオリンを演奏した事例など興味深い観察結果も掲載されているので、機会あらば一読をお勧めしたい。

　科学を標榜する動物学者の端くれとして、未検証の死んだふり事案について改めて検討すべき責任を感じる。もしも予備知識がない人がクマに会ったら、うろたえパニックになるだろう。そんな狼狽(ろうばい)行動に比べて死んだふりの方が生き残る確率が高ければ、これも有効な戦略の一つと言えよう。

　死んだふりというのはいかにも無謀な策のように見える。なにしろ敵の前で戦いを放棄し、その身を晒(さら)すわけである。しかし、これはシルベスター・スタローンも前線で使用した由緒(ゆいしょ)正しい戦術の一つでもある。彼の偉業は自然界にも知れ渡り、野生動物がこれを採用している例も見られている。

　世界的に有名なのは、主に北米に住むキタオポッサムの例だ。彼らは捕食者による危機が迫った折に死んだふりをする。体を丸めて木偶(でく)人形のようにぐったりとして、口からはだらしなく舌がはみ出す。テヘペロ。肛門(こうもん)からはなにやら緑色の液体が流れ出し、体からは死臭が漂い、心拍数も低下する。

　英語では、死んだふりをすることをプレイ・ポッサムという成句で表現する。ポッサムのふりをするという意味だ。北米ではオポッサムのことをポッサムとも呼び、まさに彼らの擬死行動に基づく表現である。

捕食者の前で死んだふりなんかしていたら、どうぞ召し上がってくださいと言わんばかりだ。イヤよイヤよと言いながら本当は嫌がっていない魔性の女ならそういう手もあるかもしれないが、これではウェッジウッドの上のミルフィーユに等しい。だが、そう思うのは早計である。

世の中には様々な肉食者がいる。生きた動物を襲うキツネもいれば、死んだ動物を食べるハゲワシもいる。生きたオポッサムにとっては、生きた動物を好む捕食者こそが恐ろしい。そういう輩には、傷んだ死体を演じることで、自分が食物としての価値がないと思わせることができる。

死体は時間と共に腐乱し質が劣化していく。死肉を分解するバクテリアはしばしば毒素を分泌する。コンドルなどの死肉食者では毒素に対する耐性が発達しているが、通常の捕食者にとっては有害となるはずだ。捕食者の前で腐乱死体の真似をすることは、食物としての価値を低下させる有効な手段となりうるのである。

死体演技はオポッサムだけのものではない。シシバナヘビの仲間も死臭を発し死者を演じるし、日本のタヌキやアナグマでも狸寝入りが知られている。ブラジルのコガネガエルの仲間では、目を瞑り手足を広げて大袈裟にひっくり返って自らの苦悶の死に様をアピールすることが報告されている。据え膳を前に恥をかこうとも、そんな変死カエルは絶対に食べたくない。死んだふりは、様々な動物が生き残りの手段として採用するレパートリーの一つだ。

不死鳥伝説の正体

もちろん我らが鳥類でも擬死は採用されている。よく知られているのはニワトリで、背を下にして体を圧迫されると擬死状態になる。鳥によっては、そこまでせずとも身を硬直させて動かなくなるものもいる。

捕獲調査ではしばしば鳥を計測する。本人の了承もなく嫌がる体を測定し体重を量る。人間相手なら裁判抜きでアルカトラズ送りの破廉恥行為である。ノギスや物差しで翼やくちばしの長さを測るのは比較的簡単だ。小鳥であれば左手で包み込むように体を持ち、計測部位を外側に向けてノギスをあてればよいだけの話である。

一方で体重を量るのは若干めんどくさい。手に持ったままでは体重は量れないため、袋などに入れて体重計に載せる。時には袋の中で暴れて体重計が安定せず口汚く罵り、またある時には袋の隙間からまんまと逃げていく後ろ姿に計測作業楽にならざりぢっと手を見たり、何かと手がかかる。

しかし、背中を下にしてそっと置くだけで大人しくなる研究者思いの鳥もいる。カワセミはそんな種の一つである。仰向けに静置された彼らは、体を硬直させて動かなくなるのだ。閉じた翼が体の下敷きになって動かせず、そろそろダイエットを考えるお年頃というわけでもなさそうだ。なにしろ他の多くの鳥では、同じように置いてもすぐに翼を羽ばたかせて飛んでいってしまう。カワセミ以外にも同じ挙動を示す種類もいるし、ヒヨドリやメジロなどでも地域や個体によっては同じ状態になる。いわば準擬死状態である。

ニワトリにしろ他の鳥にしろ、どんなに寝苦しくとも自発的に背を下にしていぎたなく眠りこけることはない。にもかかわらずこんな行動が進化した背景には、やはり捕食者の存在を疑わざるを得ない。

タカやキツネなどに襲われた鳥は、必死に抵抗し窮鳥（きゅうちょう）鷹（たか）を噛もうとする。とはいえカワセミVS.オオタカでは、クラーケンに美脚対決を挑むがごとく勝負は始める前についている。捕食者は暴れる獲物の息の根を止めるべく急所を狙ってくる。必死の抵抗は火に燃料を投下する愚かな所行だ。そんな獲物が抵抗をやめれば、それは捕食者の勝利を意味する。獲物は不動の食材と化し、押えつける必要もなくなるはずだ。

油断はそこに生じる。この瞬間にこそ勝機がある。とどめが刺せたと敵が手をゆるめた隙に一目散に逃げるのだ。危険な賭けだが、死んだふりをする鳥の存在はそれが実行価値のある手段の一つであることを示唆する。ニワトリでは仰向け圧迫が擬死状態のトリガーとなることからも、捕食者の介在は納得である。実際にネコに襲われたハト等がこの方法で生還する姿が見られることもある。

フェニックスは、炎に飛び込んで死んでは蘇る伝説の不死鳥だ。その行動は、死んだふりから回復して飛び立つ鳥の姿に重なる。不死鳥伝説の背景に野鳥の擬死行動の観察があると考えれば、これもまた説得力がある。ただし彼らは一度死ぬので不死ではない。ゾンビかキョンシーが関の山である。

ウソカマコトカ

死んだふりが完全な自殺行為ではなく、九死に一生を得る最後の手段になるのなら、クマに対しても単なるイソップ話ではないかもしれない。同僚のクマ学者の入れ知恵と共に再考である。

本州以南に住むツキノワグマは、植物質を好む雑食性の動物だ。果実やタケノコ、ドングリや新芽など、おいしそうな植物をしこたま食べる。一方で、ハチや小型哺乳類など動物を襲うこともあり、死肉を食べる場合もあるという。哺乳動物の嗜好性にはしばしば個体差があり、クマの場合も同様だろう。

相手が植物質を好む個体であったなら、食物として人間を襲ってくることは少ないだろう。ただし、交差点でぶつかって頬を赤らめ恋が始まる女子高生とは違い、山でばったり出会った人間が暴れていれば驚いて襲ってくるかもしれない。そんな個体なら、敵意のない死体のふりが功を奏する可能性もなきにしもあらずと推察される。

一方で、死肉食を覚えた個体ならそうはいかない。野生下には、偶然にニホンジカなどの死体を見つけ、栄養価の高いジビエにグルメ魂を目覚めさせた個体もいるだろう。そんな相手に死んだふりをしたらそれはもう一生の不覚である。

総じて考えると、相手によっては奏功する場合もあるというのが、思考実験で得られた仮説だ。死んだふりも有効な手段の一つではありそうだが、現段階ではやはりまだ積極的にはお勧めできず、振り出しで二の足を踏むばかりだ。これを科学的に実証するためには、様々な個性のクマの前に慌てる人と死んだふりをする人を提示し、生存率を比較すればよい。この先の実験は鳥類学者の私には憚られるので、哺乳類学者に任せたい。

研究者が科学的な正否を発言した場合には、ここまで実験する覚悟があるものと心得てほしい。言葉には言霊（ことだま）があり、科学という言葉の軽視は言霊への背徳、いずれ科学に裏切られる結末となろう。ただし、言霊は選ばれし者にしか姿を見せない。信じない人もいようが、それは確かにそこにあるのである。

第五章

鳥類学者、何をか恐れん

I　熱帯林の歩き方

はじめに言葉あるべし

　二人の目の前に広がる五人前の定食。私と上司は途方に暮れていた。油断していた。ここは日本ではなかったのだ。赤道をまたぐ東南アジアの島国、インドネシアである。日本と比べるとインドネシアの物価は安い。私が通っていた10年ほど前には、地方に行くと日本円にして１００円弱で一食を美味しくいただくこともできた。時には唐

ボルネオ島（３ヶ国にまたがる）

辛子の奮発により、インドネシア人学生ですら辛過ぎると怒髪で唐辛子を衝くような場面もあったものの、彼の国の料理は私の口に程よく合い、口福な時間を過ごしたものだ。

とはいえジャワ島西部に位置する首都ジャカルタは都会であり、さすがに物価も高く、店によっては日本と変わらぬ値段になる場合もある。その日上司とともに小さな食堂に入った私は、メニューを見ながら適当に5品ばかり料理を注文した。私は調査のためボルネオ島に通っていたのだが、調査許可を得るため、行き帰りにはジャカルタに寄る必要があったのだ。

調査に通い始めたばかりの私たちはインドネシア語がチンプン、人の良さそうなインドネシア人の店員は英語も日本語もカンプン。我々の会話は、海綿とヒトデのコミュニケーションほどにすれ違っていたのだ。値段から一品料理と思い込んだのは痛恨のミス。まさか全て定食だったとは恐れ入った。

きっと、彼は止めてくれていたに違いない。きっと、私たちの笑顔はノープロブレムと応えてしまったに違いない。言葉なんてわからなくても、気持ちで意思が通じるなどというのは銀幕の夢物語だ。一粒のお米に七柱の神様と教え込まれた私は、出された食事は食べ切る派である。年上の上司はあてにならない。顔には笑み、目には涙を浮かべながら、世界を席巻するMOTTAINAIの精神で四人前を食べきった自分を褒めてあげたい。

日本人は英語が苦手とよく言われるが、インドネシア人にも英語苦手主義者が多い。両国が良好な国際関係を保っている背景には、その辺りの同類意識があるに違いない。心がコンパクトにできている私は、外国人が日本で当然のように英語で話しかけてくると暗黒面に落ちそうになる。現地では現地語を喋る努力を見せたまえ。愛想笑いの下で毒突く自分を思い出し、食堂満腹事件を境に私は片言のインドネシア語を学び、この国での調査に勤しんだのである。

拝啓、南の森の日常

ボルネオ島の南東部の街バリクパパン近郊にある森林が調査地だ。ここには保護地区の原生林を中心に、木材の伐採後に成立した二次林、植林地、草地、農地などがモザイク状に広がっている。私はインドネシア科学院や地元大学の研究者と共同で、この地域の鳥類についての調査をしていた。

森林における鳥類の多様性を明らかにするため、鳥の捕獲調査を行う。共同研究者とともに車に乗り、ぬかるんだ悪路を越えて調査地に通う。かすみ網を広げて鳥を捕まえ、足輪をつけて放す。森林の構造の違いによる鳥類相の違いを評価するのだ。

かすみ網は幅12ｍの大きな網だ。鳥の通り道に広げておき、引っかかった鳥を捕らえるのである。これを設置するため、まずは森林内の下草や低木を刈り払い小径を作る。私は日本から持参したナタを使って切り拓く。刃渡り30㎝程度の標準的なナタだ。

インドネシアのナタはパランと呼称されており、日本のものの2倍ほどの刃渡りを持つ。彼らは、車の板バネなどを鍛えてパランを自作することもあるそうだ。

「なんでそんなに刃が長いのかね。それじゃ狭い林内では邪魔であろう」

「短いと相手の喉に届かないからな。倒した相手の髪の毛は飾りとして柄につけるとオシャレだよ」

昔の話だよな？　私のは作業道具で、彼らのは武器、道理で違うはずだ。それと、パランを持って私の後ろに立たないでくれたまえ。

彼の国と日本ではあちこちが異なっている。日本では樹高20ｍもあれば立派な高木林と褒められるが、熱帯林では50ｍ以上も珍しくない。初代ゴジラの身長に匹敵し、カタツムリなら登攀途中で世代交代しそうな距離だ。これだけ違うと、地上と樹上で異なる生物相を持っている。このため、ここぞという場所には樹冠調査用の高いタワーが設置されている。木造のタワーは一歩踏み出すたびにギシギシと軋み、梯子の足場が腐り、スリル満点だ。わざわざ遊園地で絶叫マシンに乗る連中は、熱帯の研究者にでもなればよい。

スケールの大きな森林にはそれだけ多くの種が生息している。そんな場所では日本の概念は通用しない。

日本の鳥類は種数が少なく行儀よい。いるべき場所にいるべき種が品良く生息している。藪にはウグイスが遊び、木の枝葉ではシジュウカラが虫を食べ、空中ではキビタキが飛翔性昆虫を捕らえ、樹幹ではアオゲラが木に穴をあける。同じ空間の中でも、それぞれが異なる資源を利用することで共生する姿を見ることができるのだ。こんな「棲み分け」は資源の少ない地域での一杯のかけそば的美談である。

熱帯は生産性が高い。植物たちは有り余るお天道様の光を燦々と受け、暇に飽かせて光合成に明け暮れる。一年中暖かいから冬に生長を停止する必要もなく、枯れた木の分解も早い。果実も昆虫も増え、これを食べる鳥も飽食を謳歌する。その結果、似たような鳥が、棲み分けもせずに何種類も同所的に生息している。日本での研鑽が井の中の蛙と思い知らされる。

そんな多様性の高い森である。かすみ網にはコウモリ、ネズミ、リス、ツパイなど、いろいろな動物がかかり迷惑極まりない。ある日のこと、親指ほどの大きなハチがかかった。暑さで疲れていた私は不覚にもこれに刺されてしまい、考えつく限りの悪態を吐きながら毒を吸い出し心身の浄化をはかった。その際学生に向かって、日本ではハチの幼虫を食べるのだとうっかり口にしてしまった。

学生たちはソワソワし始める。鳥のことを忘れてハチを探し始め、巣を突き止め突如襲撃する。ハチの巣を片手に笑みを浮かべ、モリモリと幼虫を食べ始めるその姿は妙に誇らしい。新たに得た情報を即座に検証する姿勢に、若き研究者としての有望さを感じた次第である。

余計な動物もかかりはするが、私たちは着実に鳥の捕獲を重ねていった。熱帯的なきらびやかな鳥がかかればテンションが上がり、百羽にも及ぶ群れがまとめてかかればゲンナリする。小鳥とその小鳥に襲いかかったタカが一緒に捕獲され、シギとハマグリを両取りした漁師の気分を味わうこともある。時には林内で違法伐採の痕跡を目にして切ない気持ちになることもあったが、日本国内では得られない経験を蓄積する充実の日々であった。

諸行無常の響きあり

なぜだろう。目の前に茫漠たる焼け野原が広がっている。はて、タイムトラベルして戦国時代にでも来てしまったのだろうか。半年前、確かにそこは二次林だったはずだ。ふむ、どうやら調査地が雲散霧消したらしい。森林は二酸化炭素と水に回帰し、私の認識から去って行ったようだ。

映画ではしばしば、最初の事件まではもったいぶるがその後は立て続けにイベントが生じる。そんなのは所詮フィクションと思っていたが、どうやらそうでもないらしい。望まぬ変化は次々に目の前に現れたのだ。植林地の調査地は突如コーヒー農場と化した。森林の調査地は違法な石炭掘りに荒らされ、治安が悪化して立ち入り禁止になってしまった。これが、インドネシアでの野外調査の醍醐味だ。

東南アジアの熱帯林では森林の減少が著しい。ボルネオ島では面積に占める森林の割合は１９５０年頃には90％以上だったが、現在は50％以下となっている。日本の森林率が１９６０年代以降約70％を保ち世界でもトップレベルにあることを考えると、そのスピード感は颯爽たるものである。

森林減少の背景には、違法伐採や粗放的な焼畑、農地開拓、石炭採掘などがある。まさに私が目にした事象だ。違法伐採では良質な樹種が選択的に採集されることが多く、それ自体では森林面積は減少しない。しかし、伐採のために道が作られることで林内へのアプローチが容易になり、他の違法行為が続いて生じやすくなるのだ。

もちろん、違法な焼畑や石炭掘りに対して、森林官は目を光らせてパトロールを行っている。しかし広い森林内で発生する違法行為を少人数の森林官が取り締まるのは、世界各地に出没するルパン一味を追う埼玉県警のようなもので、おのずと限界がある。

私がインドネシアに通っていたのはほんの5年間だ。このわずかな期間の限られた調査地の中でさえ、森林減少を引き起こす各種現実と相まみえたことは、この問題の根深さを実感させてくれる。

インドネシアを含む東南アジアは、日本の鳥とのつながりが深い。日本の春夏を彩る渡り鳥、すなわち夏鳥たちの越冬地となっているのだ。初夏の林を賑やかすサンショウクイやサンコウチョウ、夜にホウホウと鳴くアオバズク、私の研究対象でもあるミゾゴイ、様々な鳥が東南アジアで冬を過ごす。

20世紀の後半、日本で繁殖する様々な夏鳥の減少が報告された。その一方で、一年中を日本で過ごす鳥については顕著な減少傾向は見受けられない。このことから、越冬地の森林減少や渡りの中継地での乱獲が、日本の夏鳥に影響していると考えられている。日本で親しまれる鳥を守るためには、国内における保全だけでは不十分なのだ。

だからと言って、声高に熱帯林保全を叫んでいても、事態が好転するわけではない。

続々と生まれるエイリアンと対峙するなら各個撃破は無謀、まずはクイーンを倒し蛇口を閉めなくてはならない。

熱帯林減少の背後には経済的な問題がある。何処の国でも違法行為には大きなリスクがつきまとうため、せずに済めば済ませたいはずだ。しかし、十分な職がなければ、十分な賃金がなければ、自分も家族も食べていけない。森林を糧にすることも選択肢の一つにならざるを得ない。

この世界は同心円構造をしている。中心には個人が位置し、これを家族が囲み、社会が囲み、国が囲み、自然環境が取り巻いている。中心に向かって負荷がかかり、内側が安定していないと外側が保てない世界だ。

もしも社会にゾンビが蔓延していたら、まず生き残りが最優先で環境保全どころではない。飢えた家族を救うためなら、たとえ絶滅危惧種の最後の1個体であっても食べさせて一時の空腹を癒してやることだろう。環境保全は、経済も治安も安定した社会においてのみ、安心して推進されるものなのである。

いかに不況や不景気が新聞を賑わせようとも、日本が経済的に豊かな国であることは間違いない。満腹事件の思い出は、その安価を支える経済構造がいずれ調査地消失を伴う世界規模の森林減少に連なることを教えてくれた。

世界全体の温室効果ガスの排出量のうち、森林減少によるものは約20％にもなる。
世界の平和と経済的安定こそが、生態系保全の礎(いしずえ)なのだ。

2 エイリアン・シンドローム

世界の国からコンニチハ

突発性カール症候群を発症した。小笠原での調査出張中に強い発作に襲われ、しばらく安静にしても収まる気配がない。これは困った。明治カールが食べたくてしょうがない。

私は脳髄が麻痺（まひ）するほどカールが好きだ。もちろんチーズ味である。あの上顎（うわあご）の裏

ガビチョウ（画眉鳥）

に広がるモソモソ感がたまらない。症状を緩和するため、調査後には商店に日参しカールを購入する。これはあくまでも治療の一環である。

駄菓子コーナーの至宝とも言われる明治カールの主原料はトウモロコシ、中南米原産の外来生物だ。彼女に献げる真っ赤なバラはユーラシア大陸東部原産、彼女のヒザで丸くなる子猫は中東原産、ウシもニワトリもイネも小麦も日本ではみんな外来生物だ。外来生物なしに、現代の生活は成立しない。

一方で私は外来生物を相手に日夜戦いを繰り広げている。外来生物が在来生物に悪影響を与えているためだ。だからと言って、トウモロコシを駆逐するためにカール狩りをしているわけではない。むしろ持続的な供給を期待してせっせと売り上げに貢献している。そもそも人間に恩恵を与えてくれるからこそ人間は生物を持ち運んできたのだ。

外来生物であっても順当な管理下に置かれていれば特に問題はない。宇宙から輸入した火星人だって、パック詰めされて駄菓子コーナーに並んでいれば敵となることはない。しかし、逸出した火星人が野生化すれば、街は火に包まれ人類は次々に殺戮されていく。外来生物は、人間の管理から逸脱することによって脅威となるのだ。

外来生物は生物多様性の脅威となる。沖縄ではマングースがヤンバルクイナを食べて絶滅に追い込む。湖沼ではブラックバスが在来魚類を食い尽くす。では、何故に生物多様性を守るのだろうか。生物多様性基本法を読まずに多様性を語るのは、ルパン三世を読まずに銀行強盗をするようなものである。そこで法律を読むとこう書かれていた。

「我らは、人類共通の財産である生物の多様性を確保し、そのもたらす恵沢を将来にわたり享受できるよう、次の世代に引き継いでいく責務を有する」

見知らぬ無人島で小鳥が1種絶滅したところで、世界の趨勢にも国民の家計簿にも影響はない。風が吹いても風見鶏が喜ぶだけで桶屋は儲からない。それでも多様な生物を保全すべき単純な理由は、それが人類の財産であり守るのが国民の責務だからだ。

闘え在来種防衛軍

外来生物問題の中で、鳥類は主に被害者として活躍してきた。しかし、時には鳥自身が外来生物として加害者になることもある。ガビチョウはそんな加害者の一味だ。この鳥はハワイで野生化し、現地の在来種の生息を圧迫していることが知られている。そんな鳥が日本の森林にも侵入した。

ガビチョウは全身茶色く、目の周りに勾玉のような白い模様がある「画眉鳥」の名にふさわしい大陸アジア原産の鳥だ。彼らは原産地では人気のある飼い鳥である。飼育される理由はその声にある。東アジアには鳥の鳴き声を競う鳴き合わせの文化があり、高らかにさえずるガビチョウは好まれている。しかし、日本の住宅事情においてその鳴き声は大き過ぎたようで、国内市場ではあまり人気が出なかった。地味な褐色の姿も愛鳥家たちの興味を惹かなかったのだろう。小麦色のマーメイドなら褐色の肌と一緒に常夏色の風を追いかけたくもなるが、飼い鳥としては不人気色だ。故意か事故かは不明だが彼らは飼育下から逸出し、１９８０年代から関東、九州、東北などで同時多発的に野生化した。

　ガビチョウが野生化したのは森林である。国内ではこれまでに１００種以上の外来鳥類の野生化の記録があるが、多くは農耕地や住宅地など人為的攪乱地での事象で、自然度の高い森林に定着したものは少ない。しかもこの鳥はハワイでの黒い過去を持つ実力者である。柔道なら黒帯、会社なら部長補佐、駄菓子屋ならベビースターラーメン級の外来生物だ。日本の鳥類の多様性を脅かす存在は、月に代わってお仕置きしなくてはならない。

　生態系保全を進める上では、国民の認知を高める必要がある。外来種であるガビチョウの名は鳥類図鑑にもあまり載っておらず、その脅威への意識は薄い。隣人が宇宙人だと気づかなければ地球防衛軍も宝が持ち腐れる。対策を実施するにはまずその存在を認識しなくてはならないのだ。

ガビチョウは森林の藪に侵入している。日本で藪に生息する代表的な鳥は、ホーホケキョと親しまれているウグイスだ。しかも両種とも同じように昆虫をよく食べる。競争により圧迫されるとすればまずはこの鳥あたりだろう。

ガビチョウは若干目つきが悪く顔が恐い。そんな鳥が日本のソウルバードに悪影響を与える可能性がある。これは由々しき事態だ。私はこのことを強く訴えて研究費をいただき、マスコミを通して勧善懲悪的な普及啓発を行った。

「日本の在来種に悪影響を与える外来鳥類を許してはならない！」

ガビチョウを捕獲して足輪をつけて放し、その行動を追う。巣を探して繁殖の様子を探る。まだ日本での定着の歴史の浅いガビチョウについては、国内での生態に関する情報は断片的であった。まずは基礎的な情報を明らかにし、その影響を探っていかなくてはならない。

鳴き合わせのために飼われるだけあって、彼らは野外でもよくさえずる。縄張り意識が強いため、大きなさえずりで近隣の個体に縄張り宣言をしているのだが、その姿は道場破りにきた無法者の様相を呈しており、なんとも盗人猛々しい。ガビチョウは他の鳥の鳴き真似もする。しばしば珍しい鳥の鳴き真似をして私を騙すので、個人的な恨みも存分に募る。

生態を明らかにすると同時に、何よりも日本の鳥への影響を明らかにしなくてはならない。ガビチョウの密度が高い場所と低い場所、未侵入の場所で、在来の鳥の密度を調べる。もちろんガビチョウがたくさん生息する場所では、予想通りウグイスを中心とした在来の鳥の個体数が少なく……ない、なぁ……。

あれ？　もしかして冤罪？

自分を信じちゃいけないよ

外来生物の影響は様々な形で発現する。その中で特に注目されるのが、捕食と競争による影響だ。捕食がしばしば保全上の問題となることは先述の通りだ。その一方で、鳥類に関して競争の影響が顕在化することは少ない。

鳥たちは生態系の中の資源を巡り競争する。特に対象となる資源は食物だ。しかし、多くの鳥が食べるのは昆虫や果実など豊富にある資源だ。よほど特殊で限られた資源を対象にしない限り、競争により簡単に枯渇することはない。

ガビチョウは大きな声で太々しくさえずる姿が目立つため、ついつい悪影響を想像してしまう。顔も恐いから、当然悪影響があるだろうという先入観が働く。しかし、よく鳴くのは縄張り意識が強いからだ。縄張り意識が強いということは、それぞれの場所には特定のつがいしか存在せず、生息密度が一定以上に高くなり得ないということである。

確かに新たな鳥が増えればそれだけ資源が消費され、その影響はゼロではない。しかしその一方で、鳥はその他の様々な影響を受けて個体数を増減させている。渡り鳥は国外の環境変化が原因で個体数が変動する。台風の直撃、渇水や乾燥化、局地的な開発など、野生生物は常に様々な影響に晒されている。たかだか2羽の小鳥が追加される程度の影響などは、他の影響に紛れてしまうのだろう。ハワイでの前科と外見からの先入観で、見当を誤っていたのだ。

さて、私は在来種に悪影響を及ぼすから外来種を許すまじと主張してしまった。もしそうなら、悪影響がなければ外来種がいても構わないことになってしまう。しかし、そんなわけではない。若気の至りで誤った認識を公告してしまっていたのだ。間違いだったのは、勧善懲悪的な構図で対策の必要性を煽ったことである。賛同を得やすいからと、安易な解説に流れた自分を猛反省である。

バルタン星人が侵略をするから迎え撃つというのは単純でわかりやすい。このため研究者もしばしばそのようにアジテーションし、マスコミもその単純な構図を歓迎する。確かに悪影響を及ぼす侵略的な外来種は早期に対策しなくてはならない。しかし、影響の大小は対策の根拠ではない。それは、あくまでも対策の優先順位をつける基準の一つに過ぎない。外来種は在来種に悪影響を及ぼさずとも、やはりいるべきではないのだ。

日本にノウサギがいて、月にツキウサギがいるとしよう。それぞれの種をお互いに野生化させうまく共存できれば、日本も月も2種のウサギがいることになる。この場合は各地域にいる生物の種数が2倍に増えただけで、特に問題がなさそうに見える。

しかしその一方で、地域の生物相の独自性が失われていることに気付くだろう。元の状態では、地球と月のそれぞれが異なる独自の生物相を持っていたが、事後には両地域の生物相が同じになっている。たとえ1種も絶滅せずとも、地域ごとに固有の生態系があるという多様性が失われている。外来生物問題は、絶滅なき侵略というグローバリゼーションによる世界均質化の問題を孕んでいるのだ。

外来生物問題がまだ社会に浸透していなかった時代には、勧善懲悪を喧伝することも必要だった。しかし、社会的に議論が成熟し問題が十分に認識されてきた現代において、善悪二元論的図式を強調するのは一歩間違うと外来種容認につながる諸刃の剣だ。認識の高度化に合わせ、問題の本質についての普及を一歩進める時期に来ていると言えよう。

結局のところガビチョウによる国内での生態系影響は、今もってなお表面化していない。また、広く薄く森林に定着した鳥を除去することは現実的には難しく、正直なところ対策の打ちようもない。そんな事情もあり、私はガビチョウ研究から手を引いた。研究時間と労力も限りある資源なので、より緊急性の高い課題に勢力を投入しなくてはならない。影響が小さく対策が難しい種の優先順位を下げることも、また保全戦略の一環である。こうして私の中のガビチョウ狂想曲は反省とともに終演を迎えた。

そんなことを思い出しながら毎日カールを食べていたら、商店のカールを食べ尽くしてしまった。小笠原に来る船は6日に1便しかないため、次の入荷まではしばらく待たなくてはならない。自分も困るが、地元のカール中毒の皆さんになんとお詫びすれば良いのだろう。島の大切な資源を食べ尽くすなんて、まるで侵略的な外来生物の振る舞いそのものである。

心中で在来カール中毒者に謝罪しつつも、禁断症状の出た私は似た形状のスナック菓子で誤魔化すことにした。しかし、なんとこれが予想外に甘い！　食べたかったのはコレじゃない。恐るべしコーンポタージュ味！

駄菓子も外来種も見かけで判断してはいけない。教訓を胸に、私はまた一歩、駄菓子道に歩を進める。よし、次回はキャベツ太郎にしよう。

3　となりは何をする人ぞ

オガサワラヒヨドリ

みなさんのおかげです

　人間はどんな刺激にも慣れる生物だ。恋をしたことがあれば誰しも理解できるだろう。最初はただ見つめるだけで幸せである。しかし、それだけでは満足できなくなる。手帳を盗んで名前を知り、後を尾けて住所を突き止め、ネットに侵入してプライバシーを丸裸にする。それが大人の恋というものだ。

私も昔はただ鳥を見ているだけで幸せだった。家の近所のヒヨドリにすら心が癒された。しかし、それで満足できた時代は過ぎ、より強い刺激を求めて研究に踏み出した。恋心をこじらせてストーキングをするのは自然な衝動である。相手を深く知りたいという純粋な知識欲は、研究者の本能と言えよう。ターゲットが女性でなくて、本当に良かった。

動機も行為も似たようなものだが、ストーカーと研究者には相違点がある。ストーカーは成果を自分のために使用するが、研究者は成果を公(おおやけ)に披露することで研究を完成させる。一歩間違うとストーカーと露出狂を併せた複合犯罪者だが、成果の公表こそ研究者のアイデンティティである。

以前も述べたが、鳥類学は毒にも薬にもならない高尚な研究分野である。鳥が何を食べようが、どこを飛ぼうが、社会にも経済にもとんと影響がない。おかげさまで、一般営利企業によって研究されることはほぼないと言える。

そんな分野だからこそ研究には税金が投入される。国民の皆様、ありがとうございます。成果を論文にしてお披露目し世に還元するのは、研究者に課せられた当然の義務である。しかし、学術雑誌は科学の発展には寄与するが、一般の目に触れることはほとんどない。実質的スポンサーたる国民が成果物を目にする機会がないのは、由々しき事態だ。

そこで研究者はプレスリリースを行う。研究成果をわかりやすく書き下し、マスコミを通じて報道するのだ。新聞の社会面や科学面に見られる小さな学術記事は、出資者たる国民の皆様への領収書なのである。

本当は昔から好きでした

小笠原諸島は北部の小笠原群島と南部の火山列島から成り立つ。前者は有人で定期航路もあるが、自衛隊基地しかない火山列島への訪問は難しく、鳥の研究はあまり進んでいない。

そんな小笠原群島と火山列島にはヒヨドリがいる。それぞれオガサワラヒヨドリとハシブトヒヨドリという固有の亜種だ。共に本州のヒヨドリよりも茶色味が強く、ハシブトヒヨドリは若干くちばしが太い。彼らの姿を初めて見た時は、他集団から孤立して進化した貴重な鳥だとありがたく思ったものだ。しかし、それも最初のうちだけだ。

ヒヨドリは全国の住宅地に生息する普通の鳥だ。庭の花を食べ、洗濯物に糞(ふん)をし、日本中で嫌われている。褐色の姿は綺麗(きれい)なわけでもなく、声もただただうるさく、褒めるところを見つけるのが難しい。「元気なお子さんですね」は必ずしも褒め言葉ではないのだ。

小笠原のヒヨドリは、大きさも行動も本州のものと大差ない。小笠原ブランドでプレミアがつくものの、特殊な進化をしている様子もない。正直に言おう。私もそれほど興味がなかった。

私は年に1度ほど火山列島に行く機会があるのだが、短い調査期間で大した調査はできない。しかも火山列島に自然分布する陸鳥はたった7種しかいない。そんな状況でできることは限られている。鳥を捕獲してDNA分析用の血液サンプルを採取することは可能な調査の一つだ。個体数の少ない鳥の捕獲は難しいが、凡鳥たるヒヨドリなら容易に捕まえられる。こういう場所では、消去法的に対象が絞られるのもやむを得まい。

DNA分析は現代の生物学を支える重要な手法であり、同時に都合の良い手法でもある。もちろん分析にはそれなりのテクニックが必要だが、妥当な方法を用いれば必ず結果が出て対象生物の系統が推定できる。特に興味深い仮説を立てずとも、とりあえずサンプルさえあれば結果に辿(たど)り着けるのだ。

個々にはキャラクターの弱いアイドルも、グループなら人気が出ると毛利元就(もとなり)が言っていた。1回の調査で捕獲できる個体数は少ないが、4年ほどかけて火山列島の各島のサンプルが集まった。そこで、小笠原群島のものと合わせて解析し、ヒヨドリの由来を明らかにすることとした。大した期待はしていなかったのだが、結果は意外なものだった。

小笠原群島のオガサワラヒヨドリは、地理的に近い伊豆諸島あたりから南下してきたものと思い込んでいた。しかし、分析結果は沖縄南部にある八重山諸島のヒヨドリに由来することを示していた。日本の西端から東端に向けて1800km、月の半径相当の距離を飛んできていたわけだ。神武天皇肝いりの東征ですら直線距離にして500kmに満たないのだから、大したものだ。

一般に鳥は南北に渡り、東西方向への移動は稀（まれ）だ。季節変化に応じた南北移動は合理的だが、同緯度での移動はあまり意味がないからだ。合理的理由がなくとも分析結果は嘘（うそ）をつかない。稀だからこそ、その後に孤立した集団として独自性を持ったのだと言えよう。

一方で南に位置する火山列島のハシブトヒヨドリは、本州または伊豆諸島に由来していた。そして小笠原群島と火山列島の間では全く交流がなく、遺伝的に異なる集団になっていた。群島と火山列島の間はわずか160km、鳥がうまく風に乗れば数時間で到達できる距離だ。当然ヒヨドリも両地域で近縁だと思っていたが、そうではなかったのだ。

小笠原群島は4000万年以上前にできた古い島だ。古い時代に八重山諸島から飛び立った無謀なヒヨドリは、偶然見つけた小笠原に定着したのだろう。小笠原を見落としていたら、今頃アロハヒヨドリにでもなっていたはずだ。一方の火山列島はせいぜい数十万年前にできた若い島だ。日本の北部で繁殖するヒヨドリは秋になると渡りをする。そんな渡りのヒヨドリの一部が間違って火山列島まで飛来したのかもしれない。まぁ、それはいいとしよう。

しかし、なぜ小笠原群島のヒヨドリは隣にできた火山列島に移動しなかったのか。北から来たヒヨドリは、なぜ群島を飛び越して火山列島まで行ったのか。長距離移動が可能なヒヨドリが、なぜ両地域で交流しないのか。結果は不思議なことだらけだ。不思議ではあるが、狭い範囲に異なる2集団が保たれていたのは事実である。新たな疑問は今後の課題としよう。DNA分析は、こうして次の研究の方向を示す羅針盤となるのだ。

ヒヨドリは国内では珍しくもない鳥である。しかし、日本近辺の島々と韓国でしか繁殖しておらず、世界的には珍しい鳥だ。狭い分布に閉じこもるシャイさと分布地での内弁慶。今回の結果はそんなヒヨドリの姿を象徴している。

結果を見ると急にヒヨドリに興味が湧いてきた。いや、もともと興味があったのだという勘違いすら脳裏をかすめる。ふむ、きっとそうに違いない。

この結果は日本動物学会の英文誌に論文として発表した。せっかく興味深い結果が出たのだから、これはプレスリリースも行わなくてはなるまい。もちろん期待通りの結果でしたという仮面をかぶり、私は報道発表に臨むことにした。

第三の男

「小笠原のヒヨドリに二つの起源。森林総合研究所の川上が発表」

２０１６年の４月の新聞にはそんな記事が掲載された。ようやくスポンサーに成果を披露できたというわけである。

森林総研ではプレスリリース用の資料を１ヶ月ほどかけて用意する。資料を記者クラブに送ると、興味を持った記者から連絡があり取材を受ける。

「小笠原のヒヨドリは本州のヒヨドリとどう違うのですか？」

「少し茶色いです」

「それだけ？　変わった行動とか形態とか、特殊な進化はないのですか？」

「すみません、ないです。普通の鳥です」

「ない……の？」

「ない……の」

ガッカリする記者が気の毒になり、血を吸うとか空を飛ぶとか話を盛ろうかとも思った。しかし、この普通さこそ今回のポイントである。特殊化していないからこそ、2系統の存在に気付かなかったのだ。身近で普通なヒヨドリにも興味深い秘密が隠されていたことが、今回の注目点だ。こうして各紙に記事が掲載され、研究は完了した。

さて、ここまで私はさも自分の成果であるように紹介し、新聞にもそのように掲載された。だが、これは間違いではないが真実でもない。

今回の研究は国立環境研究所（当時）の杉田典正氏と国立科学博物館の西海功氏との共同研究だ。得意分野を担当することで効率良く成果をあげられるため、共同研究は珍しくない。重要なのは、成果の中核をなすＤＮＡ分析と論文執筆を杉田氏が担当した点だ。今回の研究の立役者は彼であり、実は私は脇役なのだ。

にもかかわらず新聞には森林総研と私の名前が躍り、杉田氏の名前はない。これは私が報道発表をしたからだ。

報道発表をしても必ず記事になるとは限らない。記者が興味を持ち価値が認められて初めて記事になる。私はこれまでも小笠原の研究成果を発表してきた流れがあるため、森林総研から発表するのが効果的だと判断したのだ。

新聞記事で重要なのは内容であり研究体制は関係無い。限られた文字数の中で、論文の背景にスペースを割くのは得策ではなかろう。結果、新聞を見るとまるで私が主役のように見える記事となったが、それは発表者が私だったというだけの意味しかないのだ。

自然科学の研究では正確性が重視される。特に論文では誤解なく丁寧に内容を記述することに細心の注意が払われる。一方で普及のための記事では、多くの人の興味を喚起することが重視される。どんなに素晴らしい研究も、読んでもらえなければ伝わらないからだ。このため、必ずしも記事の内容が全てではないこともご承知おきいただけると幸いである。

筆頭著者を差し置いてまで普及を優先するわけだから、さぞや直接の利益があるのだろうと思うかもしれないが、実利はほとんどない。

報道資料の作成は手間がかかる。発表後の数日は取材待ちで研究室に拘束される。基礎情報から予想外の質問まで、簡潔に誤解を生じず即答できるよう情報収集も必要だ。もちろん謝礼はなく、給料も上がらないうえ通常業務も減らず、仕事は増えるばかりだ。スポンサーたる国民の皆様への返礼はするに越したことはないが、しなくても別段困らないというのも事実である。

それでも報道発表をするのは、普及啓発が鳥学に欠かせないからだ。興味を持つ人が増えれば鳥学は発展するし、減れば衰退する。非営利研究の存続には、国民の理解と期待が不可欠だ。報道発表は特定の商品を対象としない企業のイメージＣＭのようなもので、スポンサーへの挨拶（あいさつ）の意味以上に、学問発展のための存在感アピールでもある。誰もがやらなきゃいけないわけではないが、誰かがやらなきゃいけないのだ。

研究者はストーカーで露出狂なだけではやっていけない。もう一つ、若干マゾヒストであることも、大切な要件なのである。

4 恐怖！ 闇色の吸血生物

ちょっとだけよ

戦慄！ ヴァンパイアの接吻

たとえカーミラのような美女だとしても、やはり血を吸われるのは勘弁である。中年紳士のドラキュラとなれば言わずもがなだ。そんな嫌われ者の吸血生物は、世界中に潜伏している。

日本の磯女、マレーシアのペナンガラン、フィリピンのマナナンガル、チリのチョンチョン、南米のケロニアといったところだ。

吸血生物が進化する背景には、血液の食物としての優秀さが隠されている。血液は動物の全身に栄養分や酸素を運ぶための媒体である。このため、水分、カロリー、タンパク質、ミネラルなど、体に必要なあらゆる要素が含まれた完全栄養食であると言えよう。

日本でもスッポンの生き血を飲んだり、ブタの血でチーイリチーを作ったり、栄養豊富な血液は生活の中で利用されている。家畜の血液を腸に詰めるブラッドソーセージは、ヨーロッパからアジアで広く親しまれており、紀元前から食卓に供されてきた。たいがいの動物では血液は体重の10％以下に限られる希少部位である。栄養価は高いが傷みやすく鮮度が命の血液は、特別なご馳走でもあるのだ。

磯女やカーミラに吸血されたことのある人はごく一握りしかいないため、その存在を疑う人もいるだろう。しかし、生態系のピラミッドの頂点に君臨する上位捕食者の個体数が少ないことは当然のことなので、出会う確率が低いのもしょうがない。イヌワシを見たことのない人が多いのと同じだ。

一方で、カやヒル、ダニなど生態系のピラミッドの下位にいる種による吸血であれば、多くの方が経験済みのはずだ。これはありふれた採食方法なのだ。

にもかかわらず、人間は吸血されることを忌み嫌う。相手がカでも吸血美女でもおしなべて嫌がる。これはおそらく感染症に対する警戒だろう。

吸血美女が、吸血相手を替えるたびに口内を殺菌しているとは限らない。そんな不衛生な相手を警戒しない個体は、伝染病で数を減らしてしまう。一方で警戒心の強い個体は色仕掛けにも動じず、死なずに済んだはずだ。こうして警戒心の強い個体がより多くの子孫を残し、人類は吸血嫌いに進化してきたのだ。カが媒介するマラリアや日本脳炎、ダニの紅斑熱やツツガムシ病などの存在が、吸血行為に対する嫌悪感を促進したのだろう。

登場！　怪傑黒マント

さてある日のこと、シカの研究をしている上司が、茶飲み話にニホンジカを襲うハシブトガラスを見たと話してくれた。まぁそんなこともあるだろう。奈良公園ではカラスがシカの耳にシカ糞を詰め込んで遊ぶという話を師匠から聞いたこともある。しかし、今回の襲い方は尋常ではなかった。なんと、血を吸うと言うのだ。

鳥類では吸血行動の記録はごく限られており、世界でたった5種しかいない。ガラパゴス諸島にいるハシボソガラパゴスフィンチと2種のマネシツグミ、アフリカ南部に棲む2種のウシツツキのみである。世界の鳥類約1万600種のうちわずか0・05%だ。

カラスが吸血するなら世界で6種目となる。これはおもしろい発見だ。なにより私のオカルト魂に火がついた。まずは真偽を確かめなくてはならない。

と思っていたら、真偽はすんなりと判明した。彼は、きちんと写真を撮っていたのだ。そのおかげで観察された日時も明らかになり、あっさりと吸血カラスの存在が確認されてしまった。吸血鬼と言えばドラキュラ伯爵、ドラキュラ伯爵と言えば真っ黒。カラスによる吸血は、色彩的にも極めて説得力がある。

こんな興味深いテーマを茶飲み話で終わらせるのはもったいない。シカの生き血をすする恐怖のカラスについて、早速論文にまとめることにした。

カラスがシカを襲っていたのは盛岡市動物公園の中だ。飼育されているニホンジカをハシブトガラスが狙っているのだ。その写真を撮影し行動を記録していた堀野眞一大兄と動物園の辻本恒徳園長とタッグを組み、過去の観察情報を整理する。執筆は鳥類学者である私の担当だ。

記録では、カラスによる吸血は遅くとも2009年には起こっていた。被害は毎年生じており、特に春と秋に集中する。

カラスはシカの背中をつついて皮膚を傷つけ、にじみ出た血液を飲む。思ったより地味だな。私の脳内には、嘴を突き刺してチュウチュウと血を吸うキャトルミューティレーション的カラカラ死体が横たわっていたが、事実は空想より凡なり。シカには悪いが若干残念だ。とはいえ、時には治療が必要なほど大きな傷を開けることもあるそうだ。

そんなにされて、シカはイヤじゃなかったのだろうか。狙われるのは主に老齢の雌で、どうやら諦めムードが漂っていたようだ。壮絶なイジメにより無気力化していたのである。

事実がわかれば、次は特殊行動が生じた理由を考えねばならない。カラスはしばしば巣に獣毛を敷く。そのために生きた動物から毛を引き抜くこともある。相手が波平なら一大事だが、動物園でぬくぬくと飼育される動物たちは気質が穏やかで、カラスにとってはよいカモとなる。

毛をブチブチとむしれば、皮膚が傷ついて血がにじむこともあるだろう。繁殖期である春の吸血は、巣材採集に伴う偶発的なものから始まったのかもしれない。一方で秋は巣材採集とは関係がない。血の味を覚えた個体が行動をエスカレートさせ、純粋に吸血目的でシカを襲い始めたにちがいあるまい。

カラスが血の味を覚える機会は他にもある。それは死体だ。ハシブトガラスは死肉食者でもあり、交通事故死体などをよくついばむ。死体には血液も含まれており、そこで味を知った可能性もある。実は吸血記録のある5種の鳥はみな死肉食者でもある。吸血行動は、死肉食から進化するのかもしれない。

ここまでストーリーができあがれば、後はちょちょいと論文を書くだけだ。早速論文を投稿した私は、ほくほくと結果を待っていた。何しろ世界的にも稀な鳥の吸血行動の発見だ。論文データベースで検索しても、吸血カラスの論文は見つからない。論文は絶賛の二つ返事で受理されるであろう。

一般に論文は2名の査読者によって審査される。学術雑誌に載せる価値が認められれば受理され、不出来な論文はリジェクトされる。そして、査読者のカラス論文に対する評価を要約すると、このようなものだった。

「カラスの吸血は既に知られてますぜ」

なんとぉ！　そんなはずあるまい！　随分と探したが、そんな論文はカラスの涙ほどにも出てこなかったではないか。

クレームを予想してか、周到で親切な査読者は文献を紹介してくれていた。それは畜産業界の雑誌だった。生物学の論文を探して見つからないのも道理である。

それらの報告によると、北海道や兵庫、岡山などでカラスがウシを襲うという。特に北海道では乳牛が狙われて重大な産業問題になっていた。乳牛の大きな乳房には血管が浮き出ている。ここを流血させて生き血をすするのだ。場合によっては敗血症などを起こし死に至る。ジャパニーズチュパカブラだ。

どうやらこれはカラスの専門家の間では知られた話らしい。私はカラスの研究は初めてで、情報収集不足だったのだ。「世界で6種目！　カラスの吸血初発見」から、「柳の下のカラス！　シカへの吸血初記録」にトーンダウンし、ちょっとしょんぼりした論文が無事雑誌に掲載されることになった。

さて、今回の論文は写真と聞き取り情報を元に書いたので、私はまだカラスの吸血を見たことがなかった。一度は見ておこうと、雪の積もる1月に意気揚々と動物公園に向かった。食物が枯渇する季節だ。空腹カラスが吸血にいそしんでいるにちがいない。

「カラス？　冬にはほとんど来ませんよ」

……マジか？　食物が枯渇する時期は低地に移動しているらしい。これだから移動性の強い動物は好きになれない。

真実！　吸血鬼の裏腹

カラスが吸血していたウシやシカは飼育動物だ。カラスが真の吸血生物としての地位を築くには、やはり野生動物から吸血してもらいたい。しかし、これはハードルが高いかもしれない。

他の吸血鳥類はみな小型の種である。哺乳類ではナミチスイコウモリが吸血者として有名だが、彼らも小型だ。カもヒルもダニも小型動物だ。吸血動物は小型でなくてはならないのである。

大型の動物だと、被害者は早々に気付いて忌避するだろう。それを押さえつけられるほど力のある吸血者なら、今度は吸血だけでは止まらず、肉食になってしまうはずだ。

もちろん血液は栄養満点の食物だが、肉ごと食べられるならその方が良い。ハシブトガラスは死肉食者であると同時に生肉食者でもあり、ハトやネズミを襲って食べる。そこで血液にこだわる意味はなく、大きな嘴でザクザク捌(さば)いてパクリと食べてしまう。畜産業界では、吸血のみならずカラスがウシの肉をえぐって食べることも問題になっている。

吸血などという慎ましい行動は、肉ごと食べられない弱者の戦略なのである。ガラパゴスの吸血鳥類はカツオドリやウミイグアナ、アシカなど、ウシツツキはウシやカバから吸血する。いずれも皮膚をつついて傷つけて血液をなめるという遠慮深い方法だ。

カラスは生態系の上位に位置する強い動物だ。そんな強者（つわもの）が吸血者で終わる必要はない。飼育下のシカは、肉だと怒るが血液ぐらいなら我慢するという、絶妙なおとなしさだったのかもしれない。

こうなると吸血鬼たちの存在にも疑念が生じる。彼らはみな大型動物だ。鋭い歯を持ち力も強い。それなら血液だけでなく肉ごと食べるのが自然である。

もう吸血鬼に怯（おび）える必要はない。行動学的に考えて、大型で暴力的な吸血専門動物は極めて稀なはずなので、多くの吸血鬼は誤認情報だろう。実際には吸血に特化しない食肉鬼が多いはずなので、怯える相手はこちらにすべきである。希少な吸血鬼に出会えればむしろラッキーだ。

なお、ここまで吸血、吸血と連呼してきたが、ほとんどの鳥は構造上くちばしで液体を吸い上げることができない。鳥は水を飲むときも、くちばしにためてから頭を持ち上げてのどに流し込む。水にくちばしをつけたまま吸い上げられるのは、ハトの仲間だけだ。吸血鳥類が傷の血をなめるのは優しさでも遠慮でもなく、彼らの限界なのである。その意味で真の吸血鳥類になれるのはハトのみであり、その他は舐血鳥類と呼ぶのが正しい。

ところで改めて考えてみると、感染症さえ気を付ければ吸血鬼に襲われてもそれほど困らない気がする。

十字架？　日本なら出会うことも少ない。日の光？　私はインドア派だ。ニンニク？　別に未練はない。銀の弾に白木の杭？　そんなの人間でも死ぬわい。

鏡に映らなくなるのは若干不便だ。しかし、引き替えに永遠の命が手に入るなら我慢できる。血液の成分を調べてみると、人間より鳥の方が血糖値が高く栄養がありそうなので、人様に迷惑かけずとも鳥だけ襲っていれば済みそうである。

もしも吸血美女がどこかで身を潜めておいでなら、恐がらずに出てきてほしい。私でよければ喜んでこの血液を提供し、ついでに吸血カラスを見に動物園デートにお誘いしよう。ただし、歯は綺麗に殺菌しておいてほしい。

第六章
鳥類学者にだって、語りたくない夜もある

Ⅰ　素敵な名前をつけましょう

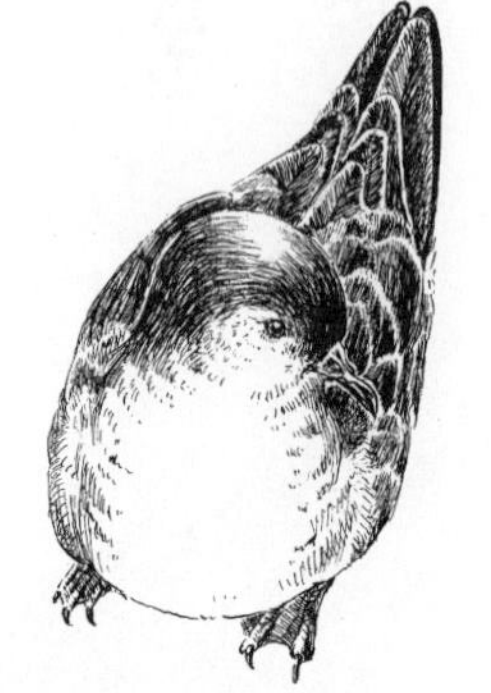
ブライアンズ・シアウォーター
（和名は本文にて）

冒険の始まり

2011年8月、驚愕の報に接する。

ハワイのミッドウェィイ環礁で新種の鳥が見つかったのだ。問題はそこで掲載された鳥の写真である。

その鳥、知ってるぞぉ！

新種として発表されたばかりの鳥を、私は既に知っていたのだ。

その鳥はブライアンズ・シアウォーターと命名された小型ミズナギドリである。新種とはいえ最近見つかった鳥ではない。１９６３年に捕獲された標本のＤＮＡを分析したところ、新種と判明したのだ。

その後の記録は、１９９０年代初頭に同島で観察されただけである。記録の少なさから、既に絶滅の可能性もあるとのコメントが付されていた。

一方で小笠原諸島では、過去にこの鳥に酷似する鳥が6個体発見されていた。いずれも傷病個体または死体として回収され試料が保存されている。ミッドウェイの報を受けた我々は、急遽この小笠原の鳥の正体を確かめるための研究チームを結成した。

そもそもの始まりは20世紀も終わらんとする１９９７年のある日、空から少女が降ってきた。これがシータなら冒険の幕開けだが、テニスコートに落ちてきたのは雌のミズナギドリだった。

保護後まもなく死んだこの鳥は、地元で鳥を研究する千葉勇人氏を経由し、山階鳥類研究所の平岡考氏の手に渡り、標本として保管された。その後は２００５年に１個体、２００６年に3個体、２０１１年に１個体が発見されている。

その形態的特徴はヒメミズナギドリという既知の種に似ていたため、この鳥であろうと考えられていた。しかし、ヒメミズナギドリは日本には分布しておらず、実際にきちんと比較して結論づけたわけではなかったため、種が確定されていなかったのだ。我々はこの小笠原の6個体の標本からＤＮＡを抽出し、ミッドウェイの鳥と比較した。その結果、彼らはブライアンズ・シアウォーターと同種と判明した。早速パソコンのキーボードがすり減らんばかりのスピードで論文を執筆し、この鳥が小笠原で生き残っていることを報道発表した。２０１２年2月のことだ。

「絶滅？の鳥、小笠原で再発見！」

小笠原諸島は２０１１年に世界自然遺産に登録されたばかりである。その直後に絶滅を心配された鳥が見つかったのだ。このニュースは、世界遺産としての価値を高める発見として歓迎された。

絶滅からの生還は劇的に喜ばしい。日本では１９４９年に絶滅宣言されたアホウドリが１９５１年に再発見されたことがある。火星からは生存を絶望視されたマット・デイモンがジャガイモを食べながら生還した。我々研究チームは全盛期のピノキオもかくやというばかりの鼻高々で凱旋し、この鳥の発見に有頂天になった。

これが一般向けに語った経緯である。あれから5年、そろそろ心の傷も癒えてきたので真実を記そう。これは研究者の後悔と懺悔の物語である。

一生の不覚

2006年に3個体が見つかったのは東島という無人島だった。なんとも無愛想な名前のこの島には、ミズナギドリの仲間が高密度で繁殖する。

御蔵島のオオミズナギドリは、ドブネズミを背中に乗せて空を飛びイタチのノロイに挑んだ。しかし東島のミズナギドリ類は、クマネズミに襲われて死屍が累々していた。この島では、特にアナドリというミズナギドリの死体が大地を埋め尽くしていた。

そんな戦国時代の戦場跡のごとくアナドリの死体が折り重なる中、アナドリとは別種の海鳥の死体が3個体混じっていた。

これらを発見したのは、地元NPO小笠原自然文化研究所の堀越和夫氏と鈴木創氏である。彼らは、死体好きの私に標本を送ってくれたのだ。

死体といってもネズミに食べられ散乱した羽毛とバラバラの骨で、生前の面影はない。ここからが私の本領発揮である。私は鳥の骨が大好きなのだ。

柔らかい組織に包まれた鳥の外見はあやふやでつかみどころがない。羽毛も皮膚も筋肉もみな柔らかく、押さえればへこみ引っ張れば伸びる。その優柔不断さはカッパの腕のごとしだ。

一方で骨は硬派で信頼性が高い。外見不詳でバラバラでも、骨さえあれば種類がある程度推定できる。特に小笠原の鳥の標本は多数所持しており準備万端だ。

しかし、この骨は匂いを嗅ごうが心眼で見透かそうが種類がわからない。わかったのは、ヒメミズナギドリに近いということだけだった。

自信満々に引き受けた課題を完遂できず、四六の蝦蟇にスカウトされそうなほど脂汗を流した私は、DNA分析の専門家である江田真毅氏に助けを求めた。

そして2006年の12月に出た結果は、この鳥のDNA配列がデータベースに存在しないことを示していた。新種の可能性があるというのだ。

しかし、この当時ヒメミズナギドリの仲間の分類は混乱していた。1種だと思われていたヒメミズナギドリのDNAを分析すると、実は他人のそら似の複数の種が含まれていることがわかってきたのである。とはいえ、ヒメミズナギドリとされてきた世界各地の鳥が全て網羅的に分析されていたわけではない。

つまり小笠原で見つかった鳥は新種の可能性がある一方で、分析されていないだけの既知の鳥の可能性もあった。

鳥は体が大きく目立つ動物であるため、新種は滅多に見つからない。日本で最後に新種として発見された鳥は、１９８１年に沖縄島で見つかったヤンバルクイナである。沖縄が戦後アメリカに統治され１９７２年まで返還されなかったことも、この鳥の発見の遅れの一因だろう。当時８歳の私も、新種発見が大々的に報道されたことを覚えている。

新種なんてそうそう見つかるまいし。

既知の鳥かもしれないし。

未分析の海外の鳥の分析は大変だし。

他の人にも簡単に見つけられまいし。

今、忙しいし。

やらない理由を見つけるのは簡単だ。分類学者ではなく生態学者である私にとって、新種記載は慣れない大仕事だ。精神的ハードルは高い。

チャンスから目を背け、後でやるつもりだと８月下旬の小学生のような言い訳をしながら、私はこの件をのらりくらりとほったらかしてしまった。

そして２０１１年８月を迎えたのである。

ブライアンズ・シアウォーターは、アメリカにとって37年ぶりとなる新種の鳥として大々的に報道された。

あぁ、やってしまった。いや、やらないでしまった。

研究の世界は論文を書いたもの勝ちだ。いかに先に事実を知っても、論文化されていなければ学術的には存在しないと言える。私の怠惰が、日本からの鳥の新種記載という千載一遇の好機を失する結果を生んだのだ。

日本では鳥の調査が進んでいる。おそらく国内で未発見の鳥が見つかることは金輪際ないだろう。私は最後のチャンスを逃したA級戦犯なのである。

尻（しり）に火が付いたどころか、すっかり尻が燃え尽きた。さすがにこういう事態になったら、前に進まざるを得ない。怠惰な人生を送った罪を贖（あがな）うべく、重い腰を上げて関係者に声をかけた。

前出の千葉氏、平岡氏、堀越氏、鈴木氏、江田氏と共同研究を行い、ミッドウェイと小笠原の個体のDNAと形態を改めて比較する。外見から推測されたとおり、彼らは同種だった。

罪の意識から早く解放されたくて、急いで報道発表する。絶滅を心配された種が見つかったのだから、もちろんめでたい話として受け入れられた。しかし一歩間違わなければ、これは小笠原での新種発見譚（たん）として語られたはずだ。

再発見の喜びの笑みを浮かべて取材を受けていた私は張りぼてである。笑顔の裏で、栄誉あるチャンスを逃した後悔にむせび、血の涙をこらえながら取材に答えていたのである。

私の怠惰により貴重な機会を逃して迷惑をかけてしまった共同研究者の皆さん、日本の鳥学を支える皆さん、ごめんなさい、ごめんなさい。心からお詫び申し上げます。全部私の失敗なのです。

後の祭りの後始末

さて、再発見後の課題はこの鳥の呼び名だ。一般に鳥には3つの呼称がある。ラテン語の学名、英語の英名、そして日本語による和名だ。

ブライアンズ・シアウォーターの新種発表の論文はアメリカ人が書いたため、吾輩に和名はまだ無い。日本でこの鳥を見つけた私たちが、責任を持って和名を提案せねばなるまい。直訳のブライアンミズナギドリではあまりに味気なかろう。

この鳥が小笠原で生き残れたのは、地元の人たちが島の自然を守ってきた成果だ。このことに敬意を表し、和名には地域名を冠したい。また、最も顕著な形態的特徴は体の小ささである。

オガサワラ「チビ」ミズナギドリ

オガサワラ「ポチ」ミズナギドリ
オガサワラ「マメ」ミズナギドリ
小さそうな名前が口々に提案されるが、悪口っぽい、犬っぽい、豆っぽいと研究チーム内でも意見が割れる。最終的にはオガサワラヒメミズナギドリに軟着陸した。ヒメリンゴにヒメダラ、ヒメは小型生物の一般的枕詞（まくらことば）である。雄に失礼だ、セクハラだという意見はさておき、私たちはこの名前を提案した。
提案したからと言って、すぐに標準的な和名と認められるわけではない。日本鳥学会が定期的に刊行する日本鳥類目録に掲載される必要がある。
この目録は日本の野鳥を網羅的に掲載するもので、多くの図鑑や書籍がここに掲載された種数や和名などを参照する。「日本には○種の鳥がいます」という記述の根拠になるのだ。これに掲載されれば、その鳥の記録や和名が公式に学会に認められたことになる。
2012年は偶然にも10年に一度の目録発行年だった。日本鳥学会創立百周年の年であり、これに合わせて編集が進められていたのだ。
オガヒメ発見の発表が2月、目録発行は9月だ。目録編集は2008年から始まっており既に佳境を迎えている。この鳥の掲載は間に合うだろうか？　この機会を逃すと次に「日本の鳥」として認められるチャンスは10年後だ。

不安と期待を胸に目録の発行を待つ。そして、9月に公開された目録にはオガサワラヒメミズナギドリの名が無事に掲載されていた。ほっと胸をなで下ろした私と共同研究者の平岡氏がこの目録を作成する編集委員でもあったことは、もちろん内緒である。

さらに目録発行の前週には6年ぶりに改訂された環境省レッドリストが発表されたが、オガヒメは絶滅の危険性が極めて高い絶滅危惧種として掲載された。これに間に合ったことも僥倖と言えよう。

新種記載の機会こそ逸したが、その後の進み行きは上出来である。

そして数年後、私たちはこの鳥の営巣地を発見することになる。

再発見されたとはいえ、ミッドウェイと小笠原で合計8個体しか見つかっていなかった超希少種だ。営巣地発見は保全の必須条件である。新種記載で後れをとった恥を雪ぎたいという心理が、営巣地探索の原動力になったことは言うまでも無い。結果的には、全てがよい方向に進んだのである。

なぁんて綺麗事は、無論負け惜しみだ。

あの頃の怠惰な自分を殴りにいきたい。ドクかマーティがこれを読んでいたら、ぜひ連絡してもらいたい。

「急がば回れ」は嘘、「善は急げ」こそが幸せの秘訣である。

2　非国際派宣言

Corvo
Flores
Graciosa
Faial
Terceira
São Jorge
Pico
São Miguel
Santa Maria

アゾレス諸島（大西洋）

誰か嘘だと言ってくれ

あれ？　おかしいな。私ってこんなに英語が下手だっけ？

この感覚は初めてじゃない。過去にも同じ違和感に包まれたことがある。原田知世の見過ぎでタイム・リープの能力を身につけてしまい、同じ経験を何度も繰り返しているのか？　いや、違う。どうやら毎度毎度同じ現実に直面しておるだけのようだ。

困った。実に困った。私は英会話恐怖症なのである。

そのとき私はポルトガル領のアゾレス諸島にいた。大航海時代から大西洋の海上交通の要所として発展してきた島で、本土から約１４００㎞西に浮かぶ。正確には島は海底とつながっているので浮かんでいる訳ではないが、これは言葉の綾だ。研究成果を発表するため、島の生物学に関する国際会議に参加しているのである。

世間には自然科学系の研究者は英語が堪能であろうという根拠無き勘違いが蔓延しており、心底辟易している。

私は日本に生まれ育った純国産研究者だ。留学経験は一度も無く、フレンドリーな留学生とは一定の距離を保ち、海外旅行では周到に英語圏を避け、丹念に上達の芽を摘みとってきた。英語論文を読み書きできても、しゃべれないのが日本人のアイデンティティだ。

しかし、人間というのは不思議なもので、都合の悪いことは意識の深奥の見えないところに丁寧に収納できる。努力もしていないのにいつの間にか上達しているんじゃないかという一縷の夢を見て国際会議にエントリーし、いざ現地で英語力のなさに愕然とするのが毎度の儀式である。

だいたいＮＡＳＡが悪い。月とか火星とか行っている暇があったら、まずは早々にほんやくコンニャクの開発だろう。サーズデイに発表があると言えばサタデーなんだねと相槌(あいづち)を打たれ、バードの研究をしていると言えばそれはどんな昆虫かと聞き返される私の会話力をなめるな！

どう考えても悪いのは私ではなく日本の教育制度とNASAのせいなので、恥じ入ることはない。腹をくくって、国際会議に潜入することにしよう。

そうだ、島に行こう！

ダーウィンがガラパゴス旅行をエンジョイして以来、島の生物学は多くの研究者の興味の対象となっている。島は周囲を海で囲まれた狭い空間だ。海が障壁となるため生物の移動が制限され、俄然(がぜん)特殊な生物相が成立する。

生物は一体どこから来たのか。

彼らはどんな特徴を持つのか。

島の生物はどうすれば守れるのか。

様々な方法と目的で島の特殊性を理解し、そこから一般的なセオリーを導き出す、それが島の生物学である。この分野にたずさわる世界中の研究者が二年に一度集まるのが、この国際会議である。

とはいえ、この会議はまだ第二回目だ。二年前に太平洋の真ん中のハワイにて始動し、今回は反動で大西洋のアゾレス諸島で開催されたのである。

「調査じゃないんでしょ？　研究発表なら、交通の便が悪い離島に集まる必要は無いんじゃないですか？　無機質な都会の会議室でいいんじゃないですか？」

何をおっしゃるウサギさん。温泉の研究者であれば温泉に集まる。窃盗技術の研究者たちは監獄に集まる。島の研究者が研究発表のために島に集まるのは当然のことである。

こういうイベントは多くの参加者が集まってこそ内容が充実して価値が高まるのだ。島をフィールドとする研究者をおびき寄せようと思ったら、島を餌にするのが一番である。だいたい新宿の貸し会議室とかで開催されたら行く気が起きないではないか。参加のモチベーションを高めることこそが主催者の腕の見せ所なのである。

「会議」というと、しかつめらしい顔をして分厚い資料を片手に話し合う姿が目に浮かぶかもしれない。しかし、この国際会議は研究発表の場である。

参加者は自分の研究成果をまとめて聴衆の前で発表をする。発表には口頭発表とポスター発表がある。並行して複数の部屋で異なるテーマの発表があり、気になる発表を選んで聞きに行くのだ。

口頭発表では15分程度の講演を行い、その後に質疑応答がある。英会話恐怖症の私には針のむしろの荒行だ。もちろん発表自体は事前の準備ができるので何とかなる。問題は質疑応答にある。

以前ガラパゴス諸島で行われた国際シンポジウムに参加して口頭発表をしたことがある。いざ客席から質問をされて意味がわからずに途方に暮れ、そんな私に質問者も途方に暮れ、膠着状態に全参加者が途方に暮れ、ただただ冷や汗を流しながら時間切れのゴングを待ったことが鮮やかに思い出される。あんな恥はもう勘弁だ。それ以来私は国際会議での口頭発表を封印した。

そういうわけで今回の発表はポスター形式だ。A0サイズで刷り上げた研究発表を会場に貼り、見に来てくれた人に説明をする。身振りと手振りと心意気を駆使してコミュニケーションをとれば、誠意だけは伝わるものだ。誤解力の高さを披露して呆れられるにしても、相手は少数なのでプライドの損耗も最小限である。しかし、油断は大敵だ。

2年前のあの日、私はハワイ大学で二人のアメリカ人学生を相手にたどたどしい英語でポスターの解説をしていた。たとえ中学生英語に毛の生えていない程度であっても、単語を並べれば意味は通じる。目的は美しい英語ではなく、研究成果を伝えることだ。的確な単語が出てこなくとも、魂のパルスは確実に相手に伝わる。困憊の末に説明を終えた私の中に、心地よい疲労感が広がる。その時に女子大生が発した言葉を私は一生忘れない。

「じっつは私、日本語しゃべれま〜す！」

なんだ、その流暢な日本語は！

「あ、ボクもハナせます」

おまえもかよ！　ブルータス！　なぜ早い段階でカミングアウトしないのだ。いい年こいたおっさんが学生に手玉にとられてしどろもどろしていたなんて、いたたまれなくて涙が出てくる。

ハワイには日系人が多く、日本への留学経験のある学生も少なくない。ピュアで疑うことを知らなかった私は、これを契機に猜疑心を身につけた。

幸いにも今回は大西洋での開催なので、日本語がわかる参加者は少なそうだ。同じ恥をかかずに済みそうである。まぁよく考えると幸いどころかアウェー感が強まっただけだが、それでもポルトガル語よりは英語の方がまだマシだ。ポスターは目立つことを最優先に全てを赤字で表記してみた。赤すぎて若干目にしみるが、多くの参加者の目に留めてもらえ、なんとか発表を終えることができた。ひとまず仕事の半分は終わりである。

第一種接近遭遇

国際会議の意義の残り半分は、他者の発表を聞くことにある。今回の会議では46ヶ国から400人以上の参加があり、世界の様々な場所で行われた研究が発表される。特に今回はヨーロッパでの開催だったので、日本ではあまり馴染みのない大西洋や地中海の島々についての発表が多い。島の鳥はなぜ色が地味になるのか。温暖化はいかに影響するのか。様々な視点で島の生物の秘密が紐解かれていく。

未発表の最新成果や調査時の工夫など、論文のみでは得られない情報が披露される。海外の研究者とのつながりを得て、研究のネットワークが強化されていく。なにより自分の専門と直接縁の無い研究についての知識が得られる。

日常の情報収集ではどうしても自分に関連する研究分野に偏ってしまう。しかし、国際会議での発表内容は多岐にわたり、鳥の研究などわずかに過ぎず、自然に他分野の研究に触れることとなり、新たなアイデアが得られるのだ。

発表では図表が使われるので英会話恐怖症でも理解しやすい。しかし、ここにも罠が張り巡らされている。

国際会議とはいえレベルはピンキリである。欧米教育の賜物か、彼らはどんな内容でもキラキラと発表する。だが、よく聞くとツッコミどころ満載の発表も少なくない。そこは解釈おかしいだろ。生息環境の効果が考慮されてないぞ。それは島だけの特徴じゃないわい。質問したい、訂正したい、コメントしたい。青い瞳の別嬪さんと仲良くなりたい。しかし、私の高度に発達した低会話力がそれを許さない。生来おしゃべりな私にとって、このストレスは大きい。しょうがなく薬屋を訪れて外国人になる薬を探す毎日を送るのだ。

国際会議にはフィールドトリップもつきものである。各国の自然に接して見聞を広めることも、野外研究者としてのたしなみだ。今回は島の中央部にある森林を散策し、地元の自然を観察する機会があった。大西洋の島の森は一体どんな雰囲気なのだろう。きっと見慣れぬ奇っ怪な樹木が繁茂し、鎖国体質の島国で育んだ自然観から鱗がガラガラと剝がされるはずだ。

期待を胸にバスに乗り込み山に向かう。左ハンドルを除くと、一見日本のバスと変わらないのだが、若干の違和感がある。その原因を探して天を仰ぐと、なぜか天井に非常口がある。どんな非常事態を想定しているのかは知らないが、そこじゃいざという時に不便じゃないかい？

幸いにも非常事態は起こらず、低地は開拓されて見渡す限りの牧場だ。毎日朝食においしいチーズを提供してくれるホルスタインの間を抜け、山頂近くの森林に到着して散策路を歩き始める。

林縁部には青い花がたわわに咲き誇り、背後には針葉樹林が広がる。そこを歩くのは初めてなのになんだか懐かしい。疲れがたまってデジャ・ブに襲われたのか？　いや、体調は万全だ。なんだかイヤな予感がする。

「これ、アジサイですよね……」

「そう、日本から持ち込まれたのよ。この島を代表する花なの」

「林は全部スギ、ですよね……」

「これも日本産よ。島ではスギの植林が盛んなのよ！」

15世紀から入植が開始されたこの島では500年以上かけて開発が進められている。長い歴史の中で、極東の樹種に着目するとは実にお目が高い。まさかここまできて、スギ林を散策することになるとは思わなかった。そういえばハワイでもスギ植林地に出くわしたことがある。ご先祖様よ、スギを普及する暇があったら日本語を普及しておいてくれ。

そんなに英語が苦手ならそろそろ英会話教室にでも通えばよいのにと思う浅はかな方もいるだろう。しかし、そういうわけにいかない事情がある。私は後進の育成に貢献せねばならない立場なのだ。

世の中には優秀な研究者がたくさんいる。バンバン論文を書き、英語でジョークを交わしながら、ブロンド淑女とハグをする。そんな先輩の姿を見たら学生はどう思うだろう。ダメだ、自分はああはなれないと研究生活を断念し、鳥学の世界から離れてしまうはずだ。若手が育たなければこの分野は廃(すた)れてしまう。

そこで私の出番だ。

あの人、普段は偉そうなのに英語全然ダメじゃん。不惑を過ぎてあんなでも何とかなるんだね。

学生達は私の姿に希望を抱き、私を追い越して未来を担(にな)う人材となる。鳥学の将来は私の語学力にかかっているのだ。

若人よ、ここは私に任せて先に進みたまえ。

3　林檎（りんご）失望事件

裏切りの果実

初めてリンゴジュースを飲んだときのことを覚えておられるだろうか？　私は一生忘れない。

コップの中で黄金色に輝く芳醇（ほうじゅん）な液体。天使のように純粋な私の想像を遥（はる）かに凌駕（りょうが）したその実態に慄然（りつぜん）とした。

「マズそっ！　リンゴっつったら、赤だろうが！」

ミカンジュースは蜜柑色、ブドウジュースは葡萄色。リンゴの絵を描かせれば、もちろん世界共通で赤色チョイスだ。少しはメロンソーダの気概を見習ってもらいたい。赤くない液体に幻滅した私はリンゴジュースと絶交した。

リンゴジュースが赤くない原因は果肉が白いことによる。では、なぜ外見が赤いのか。それは間違いなく目立つためである。

果実はイブとニュートンと鏡に話しかけるナルシストのために神が作りたもうた訳ではない。種子分散を最終目標に、運搬の代償とするために進化させてきたものだ。果肉を報酬として種子を運んでもらうのが植物の戦略である。熟すと目立つ果実の色は、種子散布者に対するメッセージなのだ。

しかし、色素を生産するには余分なエネルギーが必要である。見えないところまでコストをかけられるのは一部のブルジョワだけで、愛車のボンネットも裏側は塗装されていないのが道理だ。動物相手には色素が必要だが、そのコストは最小限に抑えたい。それがリンゴジュースがっかり事件の真相なのだ。

風呂上がりに銭湯で鏡を見ればどんなナルシストも気づく。人間は地味な生物なのである。人間だけでなく哺乳類は基本的に褐色を主とした地味なグループだ。これは哺乳類が夜行性から進化してきたためだ。夜の世界では綺麗な色彩は役に立たない。むしろ、昼間に捕食者の目を避けてこっそりと休息するには、目立たない褐色の方が有利となるのだ。

そんなグループの中から一部が昼行性に進化した。色彩にあふれる昼間の世界では、色の認識は生存上有利な能力だ。こうして霊長類は色覚を発達させてきたが、残念ながら褐色のボディはどうにもならなかった。きらびやかな鳥やチョウチョを羨むこと幾年月、人間はついに体色を進化させることをあきらめて服を着る方向に舵を切ったのだ。

人類は色とりどりの世界の仲間入りをした。そんな私たちが赤いリンゴを見ておいしそうと思い、赤くなければイマイチと感じるのは、果実を食べる昼行性動物としていわば当たり前のことなのだ。

自然志向のブルジョワ達は、真っ赤に染め上げられたリンゴ飴を見て「あらやだ人工着色料、自然じゃないわ、汚らわしいわ」と上から目線でねめつける。しかし、それこそが自然な感覚を失った、家畜化された感性と言わざるを得ない。生物として純粋な感覚を持つ天使のような子供達がその色に魅力を感じることの方が、よほど自然なのである。

色彩の魔力

さて、リンゴに限らずこの世界は色に満ち満ちている。昼行性の動物にとって、色は世界と取引するための順当な手段となっており、これを基準とした戦略が練り上げられているのだ。

鳥の華美は今更述べる必要も無いだろう。動物園に行ってタヌキとモグラばかりでは色彩が乏しくテンションが下がるが、オオルリとキビタキとアカショウビンなら信号機にだって負けはしない。

とはいえ、色素を作るのにコストがかかるのはリンゴもスズメも同じである。鳥たちもコストに見合った利益があるからこそ、色彩を進化させたのだ。

一般に鳥はメスがオスを選んでおつきあいが始まる。オスがメスに比べて美しいのはこのためだ。ただし、派手に目立つと捕食者にも見つかりやすく、命の代償までが天秤(てんびん)にのる。しかし、モテずに生き残っても、次世代を残せなければ遺伝子は残らない。命懸けの恋に身を投じる者のみが遺伝子を残し、きらびやかな鳥の世界が作られたのだ。

色彩は互いを認識するためにも役に立つ。同種をきちんと見分けられれば無駄に雑種ができることも避けられるし、同種とつるんで群れを作れば、好適な環境や食物を効率よく見つけられる。

　暗闇の世界を司る夜行性動物であっても、光の支配から免れはしない。フクロウやヨタカなど夜の支配者でも羽色には意味がある。ドラキュラのおかげで、夜は黒というイメージがあるが、夜行性の鳥は褐色の羽衣を持つ。これは、昼光下で見事なカモフラージュになる。伯爵が黒いのは人目につかない棺桶の中で昼寝をしているためであり、野生の伯爵なら褐色だったはずだ。

　鳥達の世界に鏡はない。このため、彼ら自身は自らの姿を見ることができない。スズメの頰には黒斑があるが、どう首を回しても本人には見えないはずだ。鳥の色彩は自己満足ではなく、他人の目に映ることだけを目的に進化してきたものなのである。他人の目など気にせずに自らの信念を貫けなどという説教は、野生の世界でははた迷惑な綺麗事でしかない。

　その一方で世の中には完全に光の世界から切り離された生物もいる。

　ヨーロッパに分布するホライモリや寿命170年とも言われるザリガニのケイブクレイフィッシュなど洞穴性動物であり、彼らは色素の薄い白っぽい姿をしている。光がなければ姿を見せる相手もおらず、カモフラも自己主張も必要ない。そんな世界では色素を持つ意味は消失するのだ。

いずれにせよ、自然界では他者から見られることによって色彩が発達し、神様のお気に召すイロトリドリノセカイが構築されていくのである。

見かけ倒しじゃありません

いや、ちょっと言いすぎたので訂正したい。人間は色が見えるため、つい生物の色には視覚的な意義があると考えてしまいがちだ。しかし、世の中には必ずしも視覚的な効果に囚(とら)われない色もたくさんある。

代表的なのは植物の緑だろう。この色は癒し効果でみんなをハッピーにするために進化してきたようにも見える。しかし、彼らは光合成を司る葉緑素が緑色だから、仕方なく緑色を呈しているだけである。まだ地上に視覚の発達した動物がいなかった古代でも、植物はただ青々と佇(たたず)んでいたのである。

血液の赤さは酸素を運ぶヘモグロビンが赤いことによる。酸素供給により生命を維持するために赤いだけなのだ。ただし、この色を外見的プレゼンテーションに積極的に活用する動物もいる。

ニワトリの特徴といえば赤いトサカだが、これは皮膚を通して血液の色が見えているのである。瑞鳥と言われる鶴、タンチョウの頭が赤いのも同じく血液の色であり、あそこは羽毛が生えていないハゲなのである。

鳥の羽色で考えると、黒も機能性を持つ色だ。カラスなどの黒い羽毛は、メラニン色素によるものである。メラニンは人間の髪の毛や肌の黒さの素でもあり、馴染み深い色素だろう。

メラニンは羽毛を物理的に強化する働きを持つ。羽毛はケラチンというタンパク質でできている。これは人間の爪や髪の毛と同じ素材だ。ケラチンでできた構造の上にメラニンという塗料で補強することで、色素に支えられて羽毛が堅牢になるのだ。

鳥は服を着ていないので裸でその辺をうろつき回っていると言ってよい。人間なら変質者だが、彼らは羽毛という野生の衣服を身につけているのでギリギリセーフだ。しかし、世界は危険で満ちている。身を隠すために植物の茂みに入れば、羽毛は枝葉に鞭打たれて擦り切れる。上空からは燦々と紫外線が降り注ぎ、ＤＮＡを傷つけようと虎視眈々とこちらを窺っている。

メラニンはそんな危険な世界から体を守る鎧となる。黒い羽毛はメラニンのない白い羽毛に比べて擦り切れにくい。紫外線を吸収することで体内への悪影響を回避でき、また体熱の上昇も避けられる。開けたところに住むツバメやカモメでは背側が黒く腹側が白いが、これは紫外線対策と言えよう。その証拠に、腹が黒く背が白い鳥は図鑑を見ても見当たらない。

これらの色は時には物理的な、時には化学的な機能を発揮するために存在する揺るぎない色である。他者の視線に関係なく呈された絶対的な色であり、空の青さや砂浜の白さと同類なのだ。海はたとえ生命が絶滅しても今と変わらず青く輝き続けるのである。

自然界には、他者の目にさらされることで磨かれてきた上昇志向の粋たる色彩と、誰に見てもらうためでもない純粋な色の2種類が存在する。どちらもそれぞれに美しく目に映るのだから侮れない。

誰がために色は咲く

そんな色彩あふれる世界の中で、リンゴジュースと並んで気にくわない相手がいる。お餅や食パンを大事に大事に安置しておくと、白いカンバスの上にいつの間にか極彩色の落書きが出現する。カビだ。世の中にあれほど綺麗で不愉快な色彩はあるまい。カビは目が見えないので、互いを視覚で認識してはなかろう。にもかかわらず、赤、青、緑、黄、桃、五人戦隊のように極彩色を振りまいている。

カビは胞子で飛んでいく。一部には昆虫に運ばれるものもあるようだが、多くは風散布だ。果実のように動物を魅惑するための色でもなさそうだ。第一、お餅の裏側で活躍していては誰の目にも留まらない。

実に不愉快。何の役にも立たないのに、何であんなに偉そうな色なのだ。色を作るコストと引き換えに何を得ているのかわからないことが気に障る。あれがみんな同じ色なら、カビの色は青空と同じ純粋な色だと諦めもつく。カビにはカビなりの涙なしには語れない物語があるのだと納得できる。しかし、競い合うような多様な色には、青空のような純粋さは見当たらない。

理解できないから、カビは嫌いなのだ。

食パンからカビの部分をちぎり、庭に置いておこう。そのうちアリが運ぶだろう。アリは無用な有機物を片付けてくれる働き者だから、嫌いじゃない。

カビ付きパンは食卓から去り、私の人生劇場からそそくさと退場しようとする。そのときはたと合点がいく。これが彼らの戦略なのだ。

カビに気づかずにパンを食べれば、彼らの一生は終わる。しかし、その極彩色な姿で目立てば、これはマズそうだと食べるのをやめる。カビは食物の鮮度の指標となることで、宿主の食物としての価値を下落させ、食べられるリスクを回避しているのに違いない。そうやって彼らはまんまと増殖してきたのである。これは嫌われるための色なのだ。

そうとわかれば、カビごときの戦略にまんまと乗る私ではない。カビにぎゃふんと言わせるため、今後はカビパンもそのままトーストして食べることにしよう。腹痛に襲われようとも本望だ。世の中で気味が悪いのは理解できないものの存在だ。色彩の秘密を理解した以上、恐るるに足らず。

残る悩みはリンゴジュースだけだ。誰か真っ赤なリンゴジュースを全国発売してくれまいか。生態学的に考えると、大繁盛（だいはんじょう）は間違いなしのはずだ。

4　ダイナソー・イン・ブルー

恐竜は鳥のご先祖様だった

パーフェクト・アニマル

水の母と書いてクラゲと読む。私はクラゲを尊敬している。

どうやってそんなものが残るのかはともかく、クラゲの化石というものが存在する。あんなに水っぽいのに、よくがんばったものだ。古くは5億年も前のものすらあるとも言われる。

なにしろ我々人類が生まれる何億年も前からクラゲはクラゲだった。古のその姿はやはりクラゲであり、世の中に変わらぬものがあるとしたら、それはクラゲの姿なのだ。

何億年も同じ姿とは進歩のないやつだと思う方もいるだろう。私たちの祖先は過去数百万年の間に劇的に進化し、環境の変化に合わせて生活も体型も大きく変えてきた。しかし、変わりが無いというのはすごいことなのだ。クラゲにとっても、周囲の環境は大きく変化してきたはずである。三葉虫が滅び、クビナガリュウがはびこり、竜宮城の建設ラッシュを迎え、海中は激動の歴史を経験した。変化に耐えられない者は絶滅し、あるいは異なる姿に進化して凌いだのだ。

そんな中でブレることなく姿を保てたということは、原初の段階で彼らの形態が既に完成されていたことを意味している。サメやカメも中生代にはすでに現生種に近い形態が見いだされる。変化こそが流転する世界で生き残る術のようにも言われるが、完成体に至っている生物にとっては戯言に過ぎない。

茫洋と漂うクラゲのだらしない顔を見ていると、ついつい蔑みたくなる。しかしその欲のない表情は、進化せずにいることの意味と覚悟を教えてくれる。

ファミリー・ツリー

食卓の端に鎮座ましますクラゲと心の対話を終え、隣で泰然とする鶏肉に目を移す。彼らはクラゲを尻目にめくるめく進化を遂げた。鳥が世界に産声(うぶごえ)を上げたのは約1億5000万年前である。

物事には何にでも最初がある。カエルの子がカエルだからと言って、カエルの親がカエルだとは限らない。鳥の親だって必ずしも鳥とは限らないのだ。世界で最初の鳥を特定するのは難しいが、無論それを生み出したのは鳥ではなかったはずだ。卵から生まれた最初の鳥のヒナを温かく見守っていたのは、恐竜だったのである。

恐竜については特に説明は不要だろう。恐竜戦隊コセイドンのアレである。恐竜と一口に言っても様々な種類がある。脳は小さくて力持ちアパトサウルス、セクシー担当ハドロサウルス、オシャレ番長トリケラトプス。その中で最も人気があるのは、紛れもなくティラノサウルスである。

そのティラノサウルスを含むグループである獣脚類から、鳥類は進化した。

その昔、鳥はトカゲのような四足歩行の爬虫類(はちゅうるい)から進化したと考えられていた。しかし、古生物学的な研究の成果から鳥と恐竜に多くの共通点が見いだされ、また両者の中間的な化石も多く見つかるようになってきた。特に羽毛恐竜の発見は最近の古生物学を大いに賑(にぎ)わせ、鳥の祖先が恐竜であることは疑いようもなくなっている。

鳥には羽毛に翼に二足歩行に気嚢(きのう)といった独特の特徴がある。いずれも飛行のために進化したかのような特徴だ。

羽毛による翼は鳥の飛翔(ひしょう)器官である。飛翔専用の翼は、二足歩行により前肢を体の支持から解放することで成立している。気嚢は体内にある空気袋で、効率のよい呼吸に貢献する。どれも飛行に利するシステムだ。

しかし、祖先たる獣脚類は既に二足歩行であったし、気嚢も羽毛も恐竜時代に獲得された性質であることが明らかになってきた。気嚢は巨体にこもる熱の排出に、羽毛は体温保持のために進化したのだろう。ディスプレイのための翼を持っていたと見られる恐竜もいる。

鳥が飛翔のために進化させたかのように見える各種特徴は、実は飛ばない恐竜が既に備えていたものだったのだ。飛行という新たな目的にこれらの器官を転用することで、鳥は空を飛ぶという偉業をなしえたのである。

恐竜と鳥の中間の化石が見つかることで、いかにして鳥が進化してきたかが明らかになってきた。もちろんルーツがなんであれ、現代の鳥の姿は変わらない。しかし、系統を知ることで鳥類の進化をより深く考察することができるようになったことは間違いない。

ただし、このことが新たな問題を引き起こしたのも事実だ。恐竜の一部が鳥に進化したということは、鳥類が恐竜の一系統であることを示している。このことを認めると、恐竜は絶滅したと言えなくなるのだ。

「絶滅した巨大生物」。これこそが恐竜最大の魅力を捉（とら）えたキャッチコピーだ。このロマンあふれるフレーズに魅了され研究を志した者も多かろう。しかしその研究により、逆にロマンが奪い去られたのだから皮肉なものである。

おかげで、従来型の恐竜は「非鳥類型恐竜」というまどろっこしい名で呼ばれるようになってきた。ここでは非鳥類型恐竜のことを恐竜と呼ぶこととしたい、そんな注釈が付くこともしばしばある。

そうだろう、そうだろう。我々が恐竜と呼びたいのは、決して鳥類ではない。もちろんここでも非鳥類型恐竜のことを恐竜と呼ぶことにしたい。

こうして1周回って結局スタート地点に戻ったわけだが、ちゃんと1周回ったことに意義がある。たとえスタートとゴールが同じ場所でも、トラックを回らなければゴールできないのである。

ミステリアス・ライフ

さて、恐竜は今から約６６００万年前に突如として絶滅した。このことは恐竜最大の謎とされ、多くの仮説が唱えられてきた。

伝染病の蔓延、超新星爆発、植物の毒性、宇宙人の陰謀、火山群の活動。なにしろおばあちゃんの記憶も薄れるほど昔のことなので、なかなか決め手が見つからなかった。

そんな中で現在最も有力視されているのが、巨大隕石の落下による衝撃と環境変化である。直径１０㎞もある小惑星が落下したのだ。泣き叫ぶ親子、ここは俺に任せろと踏み止まる青年、空に輝く死兆星、死亡フラグは立ち放題だ。隕石落下は大津波や広域火災を生じ、巻き上げられた粉塵による太陽光遮断は植物を枯死させ、黙示録の世界が訪れる。この隕石の痕跡はメキシコのユカタン半島に直径約２００㎞のクレーターとして記録されている。

どんなハリウッド的御都合主義があったかは知らないが、そんなとんでもない惨事を尻目に鳥類は生き延びた。映画化すれば一大スペクタクル巨編で全米が泣きそうな奇跡の物語が隠されているにちがいない。

ともかく隕石衝突原因説は、時折対立意見が呈されるものの、大まかには広く受け入れられている。私も基本的に長いものには巻いてもらうように心がけているので、この説に傾倒している。

こうして恐竜最大の謎にはすでに決着がついてしまった。

七不思議が下火になれば、新七不思議を提案するのが作法だ。月刊ムーを敬愛する私としては、新最大の謎を提案する義務感に駆られている。なにしろ鳥が鳥類型恐竜である以上、私も恐竜学者の端くれである。

その私が最大の謎に推すのは、恐竜カナヅチ不可解ミステリーである。

脊椎（せきつい）動物は水中から進化した。魚類から両生類が生まれ陸上に適応し、爬虫類が、哺乳類が、恐竜や鳥類が進化してきたわけである。海に別れを告げて陸上に進出したわけだが、彼らは何かあるとすぐに水に潜る。

鳥類ではペンギンが有名だろう。他にもミズナギドリやウミスズメ、カイツブリなど、水中を泳ぐ鳥は多い。

哺乳類からはクジラやイルカを始め、海驢（アシカ）に獺虎（ラッコ）に膃肭臍（オットセイ）など、難読漢字の代表者たちが居並ぶ。浜辺を賑わす美女の中にも、酸素ボンベを背負わず約90ｍも潜る強者（つわもの）がいる。

爬虫類は水中進出者として豊富なラインナップを誇る。カメはもちろんウミヘビやワニ、ウミイグアナなどが代表的だ。恐竜の生きていた中生代までさかのぼると、魚竜や首長竜、モササウルスなどの凶暴肉食者が海を席巻(せっけん)していたことがわかっている。これらの海棲(かいせい)爬虫類は、恐竜とはまた異なる系統の巨大爬虫類である。

しかし、恐竜からは潜水性の種が全く見つかっていない。陸上には大型支配階級から小型貧民階級まで、多様な恐竜が犇(ひし)めいてぎゅうぎゅうだったはずだ。そんな彼らが、なぜ資源豊かな海に進出しなかったのだろう。

恐竜が世界に出現してから絶滅するまでに約1億7000万年の猶予(ゆうよ)がある。これは鳥が出現してから現代までの時間を凌駕しており、海に適応するには十分な時間である。

最近の研究からは、最大の肉食恐竜とされるスピノサウルスは水中を泳げたという報告がある。足の形態などが水を搔(か)くのに適した形状だったのだ。とはいえ、基本的な形態は陸上性の恐竜のそれであり、ペンギンやクジラのように水中生活に高度に適応していたわけではない。

魚竜や首長竜、モササウルスなど、海は凶悪爬虫類の支配下にあった。だからこそ恐竜は海に進出できなかったのだ。しばしばそのように解説されることがある。聞き分けがよくお人好しの私も、なんとなくそれで納得しそうになる。しかしちょっと待て、私は騙されないぞ！

　鳥が海に適応したのは最近のことではない。まだ凶悪爬虫類が海で暴れまわっていた中生代に、すでに潜水性の鳥がいた。ヘスペロルニスという潜水性の鳥が恐竜時代の化石から多数見つかっているのだ。

　つまり最大の謎は、恐竜が海に進出できなかったという一面と、鳥に進化した途端に海に進出できたというもう一面の、両面にある。中生代を我が物顔に歩き回っていた恐竜とそこから進化した鳥。いったい何が違ったのだろう。

　恐竜は地上に根付いた平面的な生活をしている。一方の鳥類は地に足のつかない三次元的生活を始めた。水中での活動はこれもまた三次元的である。立体的な空間把握には相応の脳の発達が必要なはずだ。鳥を経由することによって恐竜は三次元脳を手に入れ、水中にも適応できたのかもしれない。

　水中には多くの捕食者がいる。恐竜が捕食者に襲われたら、地上での名声は何の役にも立たない。一方の鳥はいざとなれば飛んで逃げられる。脳と飛翔能力が、鳥を海に誘ったのだろう。

　しかしこれでは鳥が海に進出した一面は解釈できても、恐竜が海に入れなかった裏面は解釈できないままだ。

恐竜が地上で手をこまねいていた時代、前出のモササウルスという爬虫類は水中に適応して捕食者となった。やればできることは彼らが証明している。また、これまた前出の古代の潜水鳥類ヘスペロルニスは、飛翔性を失い飛べない鳥になった。せっかくの利点を捨ててどうする。逃げなくてもいいのか？　謎は深まるばかりだ。

生態学をやっていると、何でもかんでも合理的に説明したくなるし、できるような気がしてくる。しかし、いくら考えても手頃な仮説を思いつかないこともあり、そのもどかしさがまた研究者魂をくすぐる。クラゲと鳥、対極的な進化の歴史を持つ両者と食卓で対話しながら、いつかその謎を解く物語を作ろうと心に誓う。

ごちそうさまでした。

おわりに、或(ある)いはカホウハネテマテ

この島はいつか来た島

青い海と青い空が水平線でつながり、世界は真っ青な丸い球体となる。その青く巨大なガラス玉のまっただ中、白波を蹴立(けた)てて船が走る。船も白、雲も白。この瞬間、青と白が世界の唯一(ゆいいつ)の存在となって視界を埋め尽くしている。

私が小笠原諸島の洋上でぷかぷかしながら目指しているのは、西之島だ。

西之島は２０１３年に予期せぬ噴火に見舞われた。噴出した溶岩は島を飲み込み、腐海のごとく世界を浸食し、真っ青な世界に真っ黒な大地を築いた。しばらくは上陸が制限されていたが、噴火活動の落ち着いた２０１６年8月に警戒区域が狭まり、ついに上陸が可能となったのだ。

早速、東京大学地震研究所を中心とした上陸調査隊が結成された。私はこの調査隊に生物調査担当として参加することになった。噴火後まだ誰も上陸していない島に調査に行けるなんて、研究者冥利(みょうり)に尽きる。

現在の西之島は、噴火以前からの生物が残る旧島と、溶岩でできた新たな陸地で構成されている。この舞台上で二つのイベントが進んでいく。

一つ目は島内での生物の拡散だ。旧島に残された生物は新たな陸地に進出していく。そこには鳥が関与するだろう。

溶岩にまみれた大地には植物が育つ土壌がない。そんな不毛の大地にも海鳥は巣を作り始めるはずだ。彼らは巣材に用いるため海岸に漂着した木片や旧島の植物を新島に運ぶ。巣に堆積(たいせき)した有機物は分解され、糞(ふん)は土壌に栄養を供給する。海鳥の体に付着した種子は巣を苗床に生長し、湿度と温度の安定した巣内は昆虫のすみかになる。鳥が生態系を拡散するのだ。

二つ目は、島外からの生物の渡来である。海流や風に乗って、島外から種子が運ばれてくる。昆虫も鳥も飛んでくる。

島の生物相がどのように成立するかは、島嶼生物学の魅力的なテーマだ。通常は、島に結果として存在する生物相から、そこに至るプロセスを推測するしかない。この場合は渡来した順番や、定着後に絶滅した生物の存在など知るよしもない。鬼ヶ島だって、鬼が丁寧に痕跡を消して絶滅していたら悲劇の過去は闇に葬られたままだ。しかし、西之島は生物相がゼロの状態からの成立過程を現実に観察できる奇跡の場所なのだ。

これらの二つのプロセスを解明するためには、最初の記録が肝腎だ。今後の変化をモニタリングする基礎となるスタートの生物相を詳細に記録することが、今回の調査の最大の目的である。

海は広いな大きいな

ところで、ここは本当に「小笠原諸島の洋上」なのだろうか。島とは海に囲まれた陸のことである。島の集まりが諸島なら、海の上は諸島ではない。

小笠原村の面積は合計約105㎢だ。もちろんこれは陸地の面積であり海の面積を含まない。どうやら海上は小笠原村ではなさそうだ。そもそもここは東京なのだろうか。東京の面積は約２１９４㎢であり、やはりこちらも海を含んでいない。海は東京都でもないのかもしれない。

私はいずれの都道府県のいずれの市町村にいるのだろう。東京都小笠原村にいるつもりになっていたが、なんだかそうじゃない気がする。日本にいながら都道府県の軛から解き放たれた自由、なんとも贅沢な気分だ。

そんな贅沢を満喫できるのも、船上生活が快適なおかげだ。今回の調査は海洋研究開発機構の新青丸で行っている。

普段の調査では10ｔほどの船に乗ることが多い。小さな船なので、居住空間は最小限である。座ると天井に頭をぶつける2畳ほどの船倉に、むくつけき男どもが餃子のようにギュウギュウと詰め込まれる様は見るに堪えない。小型の船は小回りが利くので冒険的な調査にはもってこいだが、快適さのベクトルは控えめだ。

今回の新青丸は約１６００ｔ、船員30人と研究者15人が乗る立派な海洋調査船だ。地震観測のための大型機器を海中に設置するような大がかりな調査のためには、このサイズの船が必要なのだ。

船内には研究室が用意され、大量の調査機材を持ち込める。インターネットから洗濯機・乾燥機まで利用でき、食堂ではメロンに刺身にスペアリブと豪勢な食事が並ぶ。仕事の電話も来ないし、横須賀を出発してから島に着くまで、食べて寝て太る以外にやることもない。

学生時代にはこんな贅沢な調査はなかった。そういえば小笠原で研究を始めてから既に20年も経つ。波にぼんやり揺られていると、これまでの研究生活が走馬燈のように頭を巡る。

「このジョルノ・ジョバァーナには夢がある！」

イタリアの若者は、ギャングスターになる夢に向かい覚悟を持って道を切り拓く。海賊王を目指したり天下一武道会に出たり、夢ある若者は忙しい。壮大な目標を持って情熱的に生きる姿はカッコよい。しかし、そんな夢を持つ主役級の人材なぞ現実にはほんの一握りである。主人公への視線は憧憬であって共感ではない。市井の大半は大それた夢もなく、妥協も織り込み現実的な範囲で楽しく過ごしている。だからこそ夢見る若者は主人公たり得るのだ。

思えば私も大きな野望もなく、破廉恥なことばかり考えながら受動的で器用貧乏な半生を過ごしてきた。

鳥の研究は特殊な職業である。そんな職業についているのだから、さも子供時代から鳥が好きにちがいないと思われることが多い。実際そういう人も少なくないが、みんながそうとは限らない。

私は鳥とは無縁の子供時代を過ごした。公園のハトがドバトなのかキジバトなのかも知らなかったし、そもそもハトに種類があることも知らなかった。

そんな私も自堕落で日和見主義的な大学生になり、野生生物を探求するサークルに入会した。自然が大好きなどという軽薄な理由ではない。小学生時代に「風の谷のナウシカ」に感動し、ちょっとミーハーに憧れていたのだ。みんな口にはしないが、私の世代にはそういう研究者は多いと思うぞ。

先輩に双眼鏡を手渡された私は、生まれて初めてまじまじと鳥を見る。こうして受動的鳥学道が始まったのである。

歩けばきっと棒に当たる

大学三年、そろそろ何かの研究をしたがらなくてはならない。そわそわしながら、にわかに覚えたての鳥を白羽の矢で射貫く。

そして、その後の恩師となる樋口広芳先生の研究室の門を叩いたのである。

「鳥類について何卒御指導賜りたい」

「では君、小笠原で研究してみ給へ」

名前も場所もとんと聞いたことがない地名だったが、大志を抱かぬ私にとって師の導きは宇宙の真理である。

「仰せのままに」

さも自らの意志であるかのような顔で小笠原の土を踏み、研究を始める。同じく小笠原で研究を進める森林総合研究所のスタッフと出会うまで、長い時間は要さなかった。

「君、森林総研で小笠原の研究をしてみんかね」

大学院生の私には、就職なぞまだ現実感のない2001年宇宙の旅のようなもので、とっくりと考えたこともない。

「それはもちろんでございます」

突如の質問にはとりあえずイエスで答える。ノーと言えない由緒正しい日本男児の姿を確と見よ。

急遽公務員試験を受け博士課程を中退し、現職の扉を開く。爾来、世のため人のため職場のため自分のため、鳥類学に身を委ねる毎日を送っている。

「君、蝸牛(かぎゅう)の調査をしてくれ給へ」
「君、予算をとってきてくれ給へ」
「君、恐竜の本を書いてくれ給へ」
「君、モンハンの原稿を書いてくれ給へ」

慣れぬ仕事には労力がかかるが、断るのにはさらに大きなエネルギーを要する。気の弱い私にそんなことできるはずも無い。なぁに、もともと特定のテーマを探究するために研究を始めたわけではない。舌先三寸と八方美人を駆使して、私は受け身の達人になることに決めた。

新たな仕事を引き受ければ、それだけ経験値が上がる。経験値が上がればまた別の依頼が舞い込んでくる。世の中は積極性至上主義がまかり通り、「将来の夢」を描けない小学生は肩身の狭い思いをするが、受動性に後ろめたさを感じる必要は無い。これを処世術にうまく生きていくのも一つの見識である。

研究者にもいろいろなタイプがいる。一つのテーマをコツコツと掘り下げる土星人タイプ、最先端のテーマをバリバリこなす金星人タイプ、あれこれつまみ食いする火星人タイプだ。

典型的な火星人タイプの私は受動性を発揮しながら研鑽(けんさん)を重ね、楽しく研究を続けている。今回の西之島調査も、イキタイイナァイキタイイナァともじもじしていたら、先方からお誘いいただいたものだ。開いた口に二階からボタモチである。

鳥類学の世界に身を置くにあたり、一つの葛藤があった。退職するまで30年以上、果たしてアイデアを枯渇させることなく研究を続けられるであろうか。しかし、この問題もすぐに解決した。他人のせいにすればよいのだ。

就職を決めるのは私か？　否、人事担当者だ。採用試験の結果私を選んだなら、ポンコツでもそれは採用側の責任である。頼んだ仕事が失敗したら、それは依頼者の人選ミスである。受動性には精神衛生上の効能もあると言えよう。

とはいえ、きっかけは受け身だったものの、今ではこれを天職として身を献げる毎日である。鳥は非常におもしろい研究対象だったのだ。

鳥と人間には共通点が多い。二足歩行で、昼行性で、視覚と音声によるコミュニケーションをとり、主に一夫一妻制、そんな動物は鳥と人間しかいない。その辺の哺乳動物よりよほど共通点が豊富で、なんだか心が通じそうな気がする。

しかしそこに身分の違いが立ちはだかる。鳥は空が飛べるのだ。時には標高８００ｍを超え、時には太平洋のまっただ中まで足を延ばす。人間どころか、他の全ての動物を凌駕する三次元的移動能力を持っているのである。二次元の平面移動しかできない人間にとって、文字通り次元の違う相手を理解することは容易ではない。
親密になれそうなのに、未知の顔が隠されている。まるで一目惚(ぼ)れの相手である。興味がわかないはずがない。

さて、確たる目的を持たないまま受動的に参入した鳥類学の世界だが、今では具体的な目標がある。それは、テーマにこだわらず長期的に明るく楽しく鳥類学に励むことだ。鳥にはまだまだ謎(なぞ)がある。その秘密を紐解(ひもと)き、お茶の間に話題を、科学に新知見を提供するのだ。

横須賀を出発してから4日目、黒潮のうねりを越えてようやく西之島沖に到着すると、1羽の小鳥が船上に出現した。渡り鳥のアトリだ。小鳥はしばらく船上で休んだのち、西之島に向かって海上に姿を消した。小枝こそくわえていなかったものの、四十日四十夜の天災の終わりを告げる使者である。

ウェットスーツを着て防水バッグを担(かつ)ぎ、荒波の中をいよいよ上陸である。未曾有(みぞう)の大災害を乗り越えた島の鳥たちは一体どんな生活をしているのだろう。

船から下りると、また新たな研究が始まる。

人類にとっては小さな一歩かもしれないが、私にとっては大きな一歩だ。

特別収録

西之島・淤能碁呂(おのごろ)絵巻

「新潮」二〇一七年七月号掲載

……負けた！

初上陸は圧倒的な敗北感から始まった。

ここは、小笠原諸島の西之島、無人島鳥類学者を標榜(ひょうぼう)する私の20年来の調査地だ。2013年からの突如の噴火で溶岩が島を飲み込んだ。2年にわたる噴火は人の侵入を阻(はば)み、上陸が解禁されたのは2016年8月である。

早速東大地震研を中心とした調査隊が結成され、10月に噴火後初の上陸調査が実施された。私は生物学者としてこの調査隊に参加したのだ。

私には生物調査以外にもう一つ重要なミッションがある。上陸部隊の先導役だ。部隊は7名で構成されているが、西之島の上陸経験は私を含め二人しかない。大きな調査船では西之島に近寄れない。隊員はゴムボートで島に近づき、防水バッグを担(かつ)いで泳いで上陸する。まずは無人島調査に慣れた私が上陸し、安全を確認した上で他の調査員が上陸するという手はずである。

とはいえ、野外調査における単独行動は御法度である。万が一のトラブルに備え、二人一組のバディシステムが基本だ。今回は、さわやかヨットマンの吉本氏が私のバディだ。フィールド地質学者の彼は体力的にも優れているので安心感がある。

ところで、研究者は世俗の欲とは無縁などと、誰が決めた？

これは噴火後初の上陸調査だ。つまり、この調査隊で最初に上陸した者が、噴火後初の上陸者の栄誉を得る。二人いれば、順位が生じるのは世の道理。私の脳内に一番乗りの世俗的功名心があふれる。始まりのゴングが鳴り響き、目指すは新生西之島。二番じゃダメなんですか？　ダメなのです！

邪心にまみれて上陸した私が目にしたのは、吉本氏の精悍な背中であった……。火山の女神様は、よこしまな心をお見通しなのである。

「上陸して最初にどう思いましたか？」

「海岸には海鳥の糞のにおいが充満し、確かな生命の存在を感じました」

取材には確かにそう答えたが、あれは嘘だ。

調査の前にテンションはどん底である。しかし、これもまた好機。坂口安吾だって堕落上等と言っている。上陸調査はわずか2日間、初日は4時間しかない。首の後ろのやる気スイッチをオンにして、いざ調査が始まる。

溶岩流出で拡大した西之島の面積は2016年現在約2・7㎢である。しかし、生物学者の私のターゲットは溶岩の魔手から逃れた旧島由来の大地、面積にして0・06㎢のわずかな空間だ。新たな溶岩の上には生物の気配がないが、旧島部には土が残り、草が生え、鳥が生命をつないでいるのだ。

旧島に登ってその狭いオアシスを見回すと、火山灰に覆(おお)われた大地にも草が茂っている。イネ科のオヒシバだ。その草にはカメムシがとまり、草陰にはクモやハサミムシが歩き回る。渡り鳥のハクセキレイが現れてクモを捕らえる。地面に落ちたオヒシバの種子をやはり渡り鳥のアトリがついばんでいる。枯れ草は海鳥の巣になり、地面には海鳥の糞がばらまかれ、糞の中にはリンや窒素など植物の栄養分が含まれている。実際にはリンや窒素は目には見えないが、含まれているに決まっている。

生命のゆりかごはごく小さいが、そこには生態系を構成する全(すべ)ての要素が残っていた。鳥が生き残っていてよかったね、というレベルの話ではない。

生産者がいて、分解者がいて、捕食者がいて、被食者がいて、散布者がいて、送粉者がいて、栄養供給者がいる。もし植物がなければ、それを食べる昆虫も、昆虫を食べる鳥もいなくなる。

生態系は群集劇だ。舞台のあちこちで全ての生物がそれぞれのドラマを演じている。各々(おのおの)の演技は気ままに見えるが、実はアメリのつむぐ運命の糸のようにつながっている。今や西之島はキャストが少ない貧乏劇団の様相を呈している。おかげで各者の役割が明確になり、概念でしかなかった生態系のつながりの骨格が眼前に露出している。機械仕掛けの時計の文字盤を外し、歯車の精緻(せいち)な連携を初めて目(ま)の当たりにした感動を覚えているだろうか。

鳥を数え、虫を捕り、植物の分布を記録する。今回の調査隊で私は唯一(ゆいいつ)の生物学者だ。小さな世界の全てをつまびらかにすることが私の役目である。

今後、この小世界の住人は大航海時代の冒険者のように新たな大地に進出し、新たな生態系を育(はぐく)むだろう。島の外からは見知らぬ生物が渡来し、さらなる生物相を構築する。今回の調査はそのスタートラインを記録する記念すべき調査なのだ。

楽しい時間は過ぎるのが早い。いつの間にかもう撤収の時間だ。１日目の仕事を終えた我々は、荒波を越えて島を後にした。

Q：2日目はどんな調査をしたんですか？

A：2日間の調査で、旧島の生物相が明らかになりました。

あれ？ 質問と回答がかみあってないぞ？ よし、そろそろほとぼりも冷めた頃合いだ。ここに2日目の秘密を明かそう。

1日目、波が高かったため我々は荷物を島におきざりにした。しかし波は翌日も収まらない。精鋭3人が上陸する。腹が減ったので、カロリーメイトを食べる。残置荷物を担ぐ。泳ぐ。帰る。それだけ。

そう、海況が悪かったため、荷物だけ取りに行ったのだ。誰もが調査したくてウズウズしちゃう西之島に上陸しながら、調査をせずに引き返す贅沢(ぜいたく)。大海原を前にホテルのプールサイドでカクテル飲んじゃうセレブって、こんな気分なのか？

しかし、案ずることはない。周到な私は初日に自動撮影カメラ3台と自動録音装置2台を置いてきたのだ。この機器は今も記録を続けている。

こうして、長く短い2日間は終わった。

さぁ、そろそろ今年の調査の準備を始めよう。置いてきた機器を回収し、この未曾有(みぞう)の舞台で繰り広げられたドラマの最初の観客となるのだ。

4月20日、イタズラメールが来る。

「川上さん、また噴火しました」

えっ、もう終息したって言ってたよね。ていうか、溶岩流れてるとこって、カメラ置いた場所じゃね？　あれ？　これで去年のスタートラインの調査の意味なくなった？　あれれぇ？

ニュース映像によると、3台のカメラはすでに溶岩の下だ。録音装置まであと10m。もうイヤな予感しかしない。火山の女神様は今年もご機嫌斜めだ。

しかし、悪いことばかりじゃない。これでリセット。次の一人も「初上陸者」の栄誉を得られる。よし、水泳教室に通おう。

文庫版あとがき

京都から大阪に向かう東海道本線。新快速の車窓から山々を眺める。約400年前、この山を太閤豊臣秀吉が駆け抜けた。山の中のその道は、今も太閤道と呼ばれている。その山裾にはサントリー山崎蒸溜所が見え隠れする。1923年、ここで日本のウィスキー造りが始まった。

山が途切れるとその先に住宅地が広がる。いずれ線路のそばに工場が顔をのぞかせる。まずは、サンスターの工場、その次が明治の工場だ。その壁にはニコニコと笑うカールおじさんがいる。

本書が単行本として発行されたのは2017年4月のことだ。それから5ヶ月後、彼の笑顔が関東から消えた。販売の不振から、2017年8月を最後に中部地方以東へのカールの出荷が中止されたのだ。

しかし、大阪ではまだおじさんは馴染みの麦わらとともに満面の笑顔で壁面を飾っている。その姿にちょっとほっとした。

だが、安堵（あんど）したのも束（つか）の間だった。

彼が相棒のくまさんと一緒に掲げる広告は、カールではなくミルクチョコレートだった。

おじさんはもうカールなんてどうでもいいのか。あんたがそんなことだから、あんたがそんなことだから東日本では……。

勤務簿にハンコを押し階段をあがる。研究室に入り同僚に声をかけ、パソコンの電源を入れる。

さぁ、仕事だ。今日は初めて使うソフトを立ち上げる。

パソコンの中にはドローンを駆使して撮影した無人島の空中写真がたくさんある。上陸の難しい島では空中撮影が有効だ。この写真をまとめてソフトに放り込むと、あら不思議。写真を全部つなげて歪（ゆが）みを補正し、一枚の広域写真に仕立て上げてくれるはずだ。

ソフトを立ち上げて、適当にボタンを押してみる。

私はマニュアルを読むのが苦手なのだ。

それっぽい画面になるのでまとめて写真を読み込む。それっぽいボタンをクリックする。作業品質を選ぶ画面になる。品質は高い方がいいに決まってるじゃないか。

ポチッ。

工場の壁を見上げた翌年、再び京都から大阪に向かう列車に乗った。

もう顔も見たくないと思っていたおじさんの姿を、つい目が探してしまう。

しかし、彼の姿は見つからなかった。

私が心を痛めたあの日から数ヶ月後、その壁面は改修され無地になっていたのだ。

おじさんは確かにカールではなくチョコを宣伝していた。いつも通りのニコニコ笑顔を浮かべていた。だが、本当は不本意だったのかもしれない。

彼も組織の一員である。管理職からリストラをちらつかされ、苦渋の決断でチョコの宣伝に身を窶（やつ）していたのだろう。

裏切り者と罵（ののし）られ、それでもなお笑顔を浮かべ、家族を養うために断腸の思いで舞台に上がっていたのだろう。

結局は壁面のおじさんも東日本のカールと運命を共にした。

心情も知らず、私は自分勝手に彼に失望し悲嘆にくれていた。

おじさんのことを信じてあげられなくて、ごめん。

高品質を選んだのが間違いだった。

もう3日経(た)ったが、一向に広域写真ができあがる気配はない。ここでキャンセルして低品質でやり直せばいいのか？いや、そんなことをしたらこの3日が無駄になる。3日待ったのだから、もう直(す)ぐ終わるに違いない。もう少し待とう。

さらに2日経ったが相変わらず終わる気配が見えない。このソフトの動作中は、他のソフトの動きが強烈に遅くなり仕事にならない。

もうやめよう。5日間を無駄にした。

作業をキャンセルして低品質に設定したら、数時間で終わった。しかも出来上がりに特に問題はない。

最初からちゃんとマニュアルを読めばよかった。

ともあれ、完成した広域写真を別のソフトに読み込み拡大する。そこには巣で卵を抱くカツオドリの姿が見える。

ポチ、ポチ、ポチ、画面上の巣の位置をマウスで記録する。

島の上に巣は数百箇所ある。見落としもあるので、2度も3度も繰り返す。

ポチ、ポチ、ポチ。

なぜかわからないけど、まとめてデータが消えた。

なぜかわからないけど、自動バックアップが取れていない。

同じことをもう一度繰り返す。

日が暮れた。今日はこんなものにしよう。


カールの食べ方にもいろいろあるが、私のお気に入りはカールカクテル・スタイルだ。

まずはオーソドックスに袋の上部を完全に開封する。

次に、袋の底部を内側に押し込んで上げ底状態を作り、カール面を上昇させる。目の前にはカールがなみなみと湛（たた）えられた円筒埴輪（はにわ）的なものが出現する。

仕上げはディスプレイだ。表面張力により埴輪の上部に盛り上がるカールを取り出し、シュリンプ・カクテルの要領で円筒の上端にひっかけていく。1周かけ終われば完成だ。

これなら、夜景の似合うホテルのバーで出しても恥ずかしくない。

いつもより美味しさが2割ほど増す。

手を汚さないよう、箸で食べる。


巣の位置の記録に飽きたので、サンプルを整理する。野外調査は楽しく、たくさんのサンプルをとってしまうが、その後の処理が伴わないと意味を失う。

今回は植物のサンプルだ。まずはどれがどこで採集したものかわからなくならないよう、ラベルをつける。

続いて計測をする。直径とサイズをはかる。形成層を剝がして重さをはかる。小さく刻み、サンプル袋に入れる。

番号をシールに印刷し、袋に貼り、冷凍庫に保存する。

サンプル番号とGPSで記録した位置情報を照合する。

番号、種類、学名、採集日、採集場所、採集部位、保存状態を記録したリストを作る。

これを数百個分繰り返す。

サンプルはまだ整理されただけだ。今後、凍結乾燥し、粉砕し、小難しく気難しい精密機械で分析する必要がある。それでようやくグラフ化できる数値が手に入る。

分析は手慣れた同僚がやってくれるといいなぁと祈りを捧げる。

なぜだか頭の中で中島みゆきさんの「地上の星」がエンドレスで響く。

植物サンプルの整理は終わったが、まだ昆虫と土と甲殻類と爬虫類のサンプルが残っている。

日が暮れた。今日はこんなものにしよう。


さて、文庫版出版の準備のため、改めてこの本を読み直した。

残念なことだが、この本には2つの後悔がある。

第一に、本書では鳥類学者が事件と発見と冒険に彩られた喜怒哀楽が渦巻く日常を送っているかのように見える点だ。しかし、これは誤謬と欺瞞に満ちている。

現実の研究生活は地味で単調だ。

たとえば、野外調査はなんだかウキウキする。だが、それはあくまで一時的な楽しみであり、研究全体から見るとほんのわずかな部分に過ぎない。

調査後は口を半開きにしながら天文学的な数のサンプルを整理する。死んだサバのような目で画像を追いマウスをポチポチ打ち続ける。間違った統計処理を飄々と繰り返し、結果に落胆する。調査の何十倍もの時間をデスクワークに費やす。

淡々としたルーチンをこなす日常であり、ハプニングもアドベンチャーも介入しない。

研究は大盛り田舎ソバのようなものだ。出来上がりを味わうのは一瞬だが、ソバを育て、粉にひき、麺(めん)を打つには時間がかかる。本文で紹介したような成果はいわばザルに盛られた後のソバであり、野外で起こる事件は粉置き場にルパン三世が予告状を送りつけてくるような稀(まれ)な事象に過ぎない。

そんなザルソバやルパン以外の平凡で平坦(へいたん)な一面を披露して同情を買うのを忘れていたことは、甚だ遺憾と言わざるを得ない。

もう一点はカールだ。

私がカールを愛してやまないことは本文の通りである。この事実を公表したおかげで、様々な方からカールを頂戴(ちょうだい)する機会が増えた。どうもありがとうございます。入手困難な関東圏在住の身としては、嬉(うれ)しい誤算である。

しかし、黒川上が右の耳元で囁(ささや)くのだからしょうがない。

「カールだけでよかったのか？」

白川上も左の耳元で囁き始める。

「もっと高級なお菓子もお好きなんじゃないですか？」

あ、ルマンドとビエネッタも好きです。


よし、これで思い残すことはない。

ここまで読んでいただいた皆様に、単行本と文庫版の出版に尽力いただいた松倉裕子氏と青木大輔氏に、カバーを描いていただいた北澤平祐（きたざわへいすけ）氏と本文にイラストを添えていただいた畠山モグ氏とに、改めてお礼を申し上げたい。

そして、また別の機会にどこかの活字でお目にかかれれば、幸甚（こうじん）の至りである。

２０２０年春

川上和人

解説

谷村志穂

本書の著者である川上和人氏は、今をときめく鳥類学者であるが、数十年前の私は、名もない動物学者の卵だった。

私が通っていた北海道大学農学部には、応用動物学講座というゼミがあり、この奇妙なゼミでは、生態学に挑むならどんな動物を研究対象にするのも許されていた。実際ダニからヒグマまで追いかけるナチュラリストを育ててきたので、そういう意味でも注目度が高く、私も、教養学部の競争に打ち勝ってこのゼミで学ぶ権利を獲得したわけだが、入ったその日から様々な洗礼を受けた。

ひと学年に一人か二人しかいないはずのゼミには、溢(あふ)れるほどの先輩方がおり、マスター、マスター浪人、ドクター、ドクター浪人、オーバードクターも少なからずと、なかなか年季の入った顔ぶれが、のそっとゼミ室に置かれてあるテーブルを囲んでいた。

「ヒグマをやっている○○です」

「下北半島で、北限のサルを追ってます」

「カタツムリをやっています」

「私は、リス」

自己紹介を兼ねて、各自の研究対象が披露されていったのだが、先輩方の名前より対象動物のほうを、先に覚えてしまった。なぜなら、皆、驚くほどその動物によく似ていたからだ。

何かを研究対象にしていると、仕草というか、気配のようなものが似てくるらしいことは、後になればなるほど感じるようになるが、そのときには、だとしたら、自分は何にだったら似ていいかと、しきりに考えていた。

本書によると、鳥の研究者は、人口十万人あたりに一人ほどしかいないそうだ。そんな稀少(きしょう)な人類、鳥の調査を進めている研究者も、ゼミには二人在籍していた。一人はモズへの托卵(たくらん)を研究していた通称モズさん、そして、無人島でカモメの調査をしていた色白のW氏である。W氏は、母校のヒグマ研究会のメンバーでもあった。

W氏は後に、その同じサークル仲間でニホンザルの研究をしていたYさんと結婚する。また、ヤチネズミを研究対象としていた先輩は、カタツムリの先輩と結婚する。

話がややこしくて申し訳ない、何が言いたいかというと、動物を研究する人たちはひじょうに狭い世界を構成しており、そこにしかない当たり前を生きていたということだ。

ゼミ室にあった冷蔵庫には、いつも様々な動物の標本用の屍体が入っていた。ときには中央のテーブルにもころんと置かれていたが、そこで私たちは平気で食事をしていた。たとえばW氏は、調査のために、無人島に年に数ヶ月はいたはずで、台所ではよく保存食の作り方の秘策を練っていた。

そもそもはじめてゼミに入った日に行われたのは、歓迎コンパではなく、歓迎「犬の解剖」式であった。

こんな心のありようを、情熱と呼ぶべきかどうか、未だに私はわからない。教授や博士になるための野心が、ぎらぎらたぎって見えていたわけでもない。

ゼミ生たちは長期間フィールドワークに出かけ、その場その場で動物たちを追いかけていた。山で怪我した動物を見つけると、思わず連れ帰ってしまうような共感性を持ちながら、本書にもあるように、研究対象を自らの手で標本にする冷徹さを合わせ持たざるを得なかった。

そんな月日の中で気付けば、五年、七年という年月はあっという間に過ぎていき、必ずしも優れた論文が世に発表できる保証もない。一本も書けずに終わるかもしれない。なぜかシャイで寡黙(かもく)な人ばかりだった。自分たちがしていることの面白みは、多くの人たちにわかってもらえるものではなかろう、という雰囲気だけは浸透しており、心を通わせる相手は、すぐそばにしかいないと感じていた気がする。

寡黙なだけでなく、率直でもあった。

このゼミを出ておきながら、大学院にも進めずにコースアウトした私は二十代でノンフィクションを上梓(じょうし)した。続いて小説を発表するようになると、件(くだん)のW氏は、

「小説のほうは、あんまりおもしろくなかったな」

と、平然と告げ、また別の先輩はこう言った。

「エロ小説じゃないか。いやあ、まいったよ」

そのつど私に浮かんだのは、先輩方は世の中をちゃんと渡っていかれるのだろうかという心配であった。

このような経験を持つ私が、本書を読み進めるには、素地が良すぎるような気がするのだが、辺境であるはずの動物学の世界に突如現れた川上氏の存在には、度肝を抜かれた。なんという明るさ、なんというオタクの極み……。

本書には、鳥類研究のためのフィールドワークの王道の数々が披露されている。一

つ一つの調査のための労苦は、どんなにユーモラスに綴られたところで、王道そのものだ。

どこかに珍しい鳥や、鳥たちの見せる新しい生態があるとわかれば、著者は南海の孤島であろうとどこであろうと、死に物狂いで上陸する。上陸のためには、プールで泳ぎを鍛え、クライミングの技術も身につける。そして、海中からボートへえいやと飛び移る。

夜の調査では、煌煌と照明を灯すものだから、耳の奥に蛾が飛んで入り、悶絶の苦しみを味わう。危険を犯したいわけではないのに、少なくとも探検の領域には足を踏み入れてしまう。

川上氏の欲望を駆り立てる相手は、金でもダイヤモンドでもない。ましてや、自分の鳥かごに収められる相手でもない。

そこにあるのは、ただ誰よりも、深く隅々まで相手を知りたいというシンプルな衝動である。鳥たちが身につけてきた生きる戦略について、知りたい。悠久の時を経てたどりついた今の姿から、進化の過程を読み解くための、その資格を得たい。〈相手を深く知りたいという純粋な知識欲は、研究者の本能と言えよう。ターゲットが女性でなくて、本当に良かった〉。いや、女性であってもよいのですが……。

川上氏の随筆を通して改めて感じたのは、研究というものが本来有する健全さだ。目先の利益が優先される世の中で、研究の場にあっても、往々にして実用的な利益を求められる。最近は軍事関連の研究にのみ、莫大（ばくだい）な予算がつくのだと嘆く科学者の話を聞いたこともある。

研究とは、一体何なのだろう。

万物の真理を追い求め、得た知識を人類に役立てること。

たとえばそんなまっとうな研究論があり、それは時には研究者を支える骨にもなるのかもしれないが、川上氏も書かれているように、動物や鳥の研究は〈毒にも薬にもならない高尚な研究分野〉なのだと思う。

日本の動物学の歴史は、本格的には、昭和初期に始まる。京都大学、東京大学や北海道大学などがそれぞれに個性を放ち、動物学の道を拓（ひら）いていった。

私は落第した身だが、告白すると原点はそこにあると思っている。自分たちとは別の生き物を、必死で知ろうとする稀（け）有な存在が人間だ。他の生き物を知ろうとすることは、その命に共感することだと思う。

だが、川上氏は、「鳥が好きだと思うなよ」と、本書でわざわざ訴えている。なんと変わった方なのだろうと、失礼ながら改めて感心し、そこが動物学者たちの狭い世界と今の時代をつなぐ、重要なチャンネルになっているのだと感じ入った。

鳥を追いかける自分たちの姿をも、生態学のごとく客観的に観察する。そして、突然変異種のような饒舌さを武器に、研究論文の執筆と並行し、次々と随筆を綴ってゆく。

幾度もこれは鳥の視点だ、と感じた場面がある。

西之島噴火の後のカツオドリの生存を確認する。鳥たちは噴火の脅威に晒されたはずだが、無人空撮機のほうも高度すれすれの危うい飛行である。

低空での撮影画像に鳥影を認める。繁殖地であるこの島に、生き残り続けたカツオドリたちだと推定する。

〈物好きにもまだこの狭い土地に残っていたのだ。海鳥の飛翔力は、桁外れだ。風に乗れば1日で数百㎞の移動も可能であり、もちろん他島への避難もできる〉と、著者はクールを装うが、その感動の尾羽は隠すことができない。〈しかし、彼らは島に残った〉〈危険があろうとも、この島はかけがえのない特別な場所なのだ〉。

俯瞰から、自身の姿を見下ろしていく。

捕獲した鳥を標本にする。川上氏はその作業も、淡々と描写している。

〈血の付いた手を洗うべく海水に指をひたす。次の瞬間、水中の石の隙間からエイリ

アンの口吻が飛び出してくる。鳥を殺した報復かと思ったが、そうではない。気味の悪い小型ウツボが血の臭いに反応したのだ〉

動物学者は、できるだけ気配を消して調査に入る。けれどこんなときは生態系の一部となる。貴重な瞬間だ。

どの描写も立体的に浮かんでくる。そして、他の生き物への共感性が滲んでいて、優しい。

私の在籍したゼミ室では、各自に、机と本棚が与えられていた。本棚には、論文や資料の他、当時全盛だった進化生物学の本などに加えて、どこかお守りのように、持ち運ばれた愛読書が並んでいた。ファーブルやシートン、時折、ドリトル先生。私はドリトル派で、後にチンパンジーの研究をしているジェーン・グドールが、同じドリトル・ファンと知ったときには、それだけでうれしかった。

いつか川上氏にお会いする機会があったらご本人の愛読者もうかがってみたいものだ、と思いながら読み進めていたら、終盤に入りその答えが記されていた。

アイドルは、ナウシカでしたか。

ナウシカとヒヨドリが好きだった川上少年が、今やルーツである恐竜にまで遡って、あの手この手で自在に鳥たちの魅力を伝えてくれる。

私も顔を上げ、もっと空を見渡してみようと思う。

美しい鳥たち、この地球で羽ばたき続けよ。川上氏の、飛ぶ鳥を落とす勢いには決して負けることなかれ。


（二〇二〇年三月、作家）

この作品は二〇一七年四月新潮社から刊行された。

文庫化にあたり「西之島・淤能碁呂絵巻」（「新潮」二〇一七年七月号掲載）を収録した。

NHKスペシャル取材班著
日本海軍400時間の証言
―軍令部・参謀たちが語った敗戦―
開戦の真相、特攻への道、戦犯裁判。「海軍反省会」録音に刻まれた肉声から、海軍、そして日本組織の本質的な問題点が浮かび上がる。

NHKスペシャル取材班著
超常現象
―科学者たちの挑戦―
幽霊、生まれ変わり、幽体離脱、ユリ・ゲラー……。人類はどこまで超常現象の正体に迫れるか。最先端の科学で徹底的に検証する。

岡本太郎著
美の呪力
私は幼い時から、「赤」が好きだった。血を思わせる激しい赤が――。恐るべきパワーに溢れた美の聖典が、いま甦った！

奥田英朗著
港町食堂
土佐清水、五島列島、礼文、釜山。作家の行く手には、事件と肴と美女が待ち受けていた。笑い、毒舌、しみじみの寄港エッセイ。

小倉美惠子著
オオカミの護符
「オイヌさま」に導かれて、謎解きの旅へ――川崎市の農家で目にした一枚の護符を手がかりに、山岳信仰の世界に触れる名著！

大貫妙子著
私の暮らしかた
葉山の猫たち。両親との別れ。背すじがピンとのびた、すがすがしい生き方。唯一無二の歌い手が愛おしい日々を綴る、エッセイ集。

岡潔著
森田真生編
数学する人生
自然と法界、知と情緒……。日本が誇る世界的数学者の詩的かつ哲学的な世界観を味わい尽す。若き俊英が構成した最終講義を収録。

梯久美子著
散るぞ悲しき
―硫黄島総指揮官・栗林忠道―
大宅壮一ノンフィクション賞受賞
地獄の硫黄島で、玉砕を禁じ、生きて一人でも多くの敵を倒せと命じた指揮官の姿を、妻子に宛てた手紙41通を通して描く感涙の記録。

加藤陽子著
それでも、日本人は「戦争」を選んだ
小林秀雄賞受賞
日清戦争から太平洋戦争まで多大な犠牲を払い列強に挑んだ日本。開戦の論理を繰り返し正当化したものは何か。白熱の近現代史講義。

河江肖剰著
ピラミッド
―最新科学で古代遺跡の謎を解く―
「誰が」「なぜ」「どのように」巨大建築を作ったのか？　気鋭の考古学者が発掘資料、科学技術を元に古代エジプトの秘密を明かす！

神田松之丞著
聞き手杉江松恋
絶滅危惧職、講談師を生きる
彼はなぜ、滅びかけの芸を志したのか――今、最もチケットの取れない講談師が大名跡を復活させるまでを、自ら語った革命的芸道論。

D・キーン
松宮史朗訳
思い出の作家たち
―谷崎・川端・三島・安部・司馬―
日本文学を世界文学の域まで高からしめた文学研究者による、超一級の文学論にして追憶の書。現代日本文学の入門書としても好適。

黒柳徹子著

新版 トットチャンネル

NHK専属テレビ女優第1号となり、テレビとともに歩み続けたトットと仲間たちとの姿を綴る青春記。まえがきを加えた最新版。

久住昌之著

食い意地クン

カレーライスに野蛮人と化し、一杯のラーメンに完結したドラマを感じる。『孤独のグルメ』原作者が描く半径50メートルのグルメ。

隈 研吾著

建築家、走る

世界中から依頼が殺到する建築家は、悩みながらも疾走する——時代に挑戦し続ける著者が語り尽くしたユニークな自伝的建築論。

久坂部 羊著

ブラック・ジャックは遠かった
—阪大医学生ふらふら青春記—

大阪大学医学部。そこはアホな医学生の「青い巨塔」だった。『破裂』『無痛』等で知られる医学サスペンス旗手が描く青春エッセイ！

くるり
宇野維正著

くるりのこと

今なお進化を続けるロックバンド・くるり。ロングインタヴューで語り尽くす、歴史と秘話と未来。文庫版新規取材を加えた決定版。

小松左京著

やぶれかぶれ青春記・大阪万博奮闘記

日本SF界の巨匠は、若き日には漫画家としてデビュー、大阪万博ではブレーンとしても活躍した。そのエネルギッシュな日々が甦る。

鳥類学者だからって、鳥が好きだと思うなよ。

新潮文庫　か－84－2

令和二年七月一日発行

著者　川上和人

発行者　佐藤隆信

発行所　株式会社新潮社

郵便番号　一六二―八七一一
東京都新宿区矢来町七一
電話　編集部(〇三)三二六六―五四四〇
　　　読者係(〇三)三二六六―五一一一
https://www.shinchosha.co.jp

価格はカバーに表示してあります。

乱丁・落丁本は、ご面倒ですが小社読者係宛ご送付ください。送料小社負担にてお取替えいたします。

印刷・大日本印刷株式会社　製本・株式会社植木製本所

ISBN978-4-10-121512-9 C0195